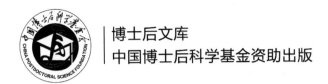

博士后文库
中国博士后科学基金资助出版

宽禁带半导体金刚石辐照缺陷的光致发光与光致变色

王凯悦 著

科学出版社
北京

内 容 简 介

金刚石具有宽禁带、高热导率、高本征温度、高载流子迁移率、高击穿电压及良好的抗辐射特性等优点，被认为是新一代理想的半导体材料，制成的金刚石场效应管、肖特基二极管等器件可在航空航天等恶劣条件下工作。在作者近10年来从事宽禁带半导体金刚石晶体缺陷表征研究工作的基础上，本书系统地介绍金刚石本征缺陷与杂质缺陷的光致发光特性，并在此基础上构建缺陷结构模型，揭示光致变色机理。

本书可作为高等院校、科研院所材料及物理等相关专业师生的参考书，对从事半导体研究、生产与应用的科技和管理工作者也具有较大的参考价值。

图书在版编目（CIP）数据

宽禁带半导体金刚石辐照缺陷的光致发光与光致变色 / 王凯悦著.
—北京：科学出版社，2018.6
（博士后文库）
ISBN 978-7-03-057665-1

Ⅰ. ①宽⋯ Ⅱ. ①王⋯ Ⅲ. ①金刚石-光致发光 Ⅳ. ①O482.31

中国版本图书馆 CIP 数据核字（2018）第 122290 号

责任编辑：阚 瑞 / 责任校对：郭瑞芝
责任印制：徐晓晨 / 封面设计：陈 敬

科学出版社 出版
北京东黄城根北街16号
邮政编码：100717
http://www.sciencep.com

北京厚诚则铭印刷科技有限公司 印刷
科学出版社发行 各地新华书店经销

*

2018年6月第 一 版　开本：720×1000　1/16
2021年7月第四次印刷　印张：9 1/2　插页：2
字数：186 000
定价：99.00元
（如有印装质量问题，我社负责调换）

《博士后文库》编委会名单

主　任　陈宜瑜

副主任　詹文龙　李　扬

秘书长　邱春雷

编　委　(按姓氏汉语拼音排序)

　　　　　付小兵　傅伯杰　郭坤宇　胡　滨　贾国柱　刘　伟

　　　　　卢秉恒　毛大立　权良柱　任南琪　万国华　王光谦

　　　　　吴硕贤　杨宝峰　印遇龙　喻树迅　张文栋　赵　路

　　　　　赵晓哲　钟登华　周宪梁

《博士后文库》序言

1985年，在李政道先生的倡议和邓小平同志的亲自关怀下，我国建立了博士后制度，同时设立了博士后科学基金。30多年来，在党和国家的高度重视下，在社会各方面的关心和支持下，博士后制度为我国培养了一大批青年高层次创新人才。在这一过程中，博士后科学基金发挥了不可替代的独特作用。

博士后科学基金是中国特色博士后制度的重要组成部分，专门用于资助博士后研究人员开展创新探索。博士后科学基金的资助，对正处于独立科研生涯起步阶段的博士后研究人员来说，适逢其时，有利于培养他们独立的科研人格、在选题方面的竞争意识以及负责的精神，是他们独立从事科研工作的"第一桶金"。尽管博士后科学基金资助金额不大，但对博士后青年创新人才的培养和激励作用不可估量。四两拨千斤，博士后科学基金有效地推动了博士后研究人员迅速成长为高水平的研究人才，"小基金发挥了大作用"。

在博士后科学基金的资助下，博士后研究人员的优秀学术成果不断涌现。2013年，为提高博士后科学基金的资助效益，中国博士后科学基金会联合科学出版社开展了博士后优秀学术专著出版资助工作，通过专家评审遴选出优秀的博士后学术著作，收入《博士后文库》，由博士后科学基金资助、科学出版社出版。我们希望，借此打造专属于博士后学术创新的旗舰图书品牌，激励博士后研究人员潜心科研，扎实治学，提升博士后优秀学术成果的社会影响力。

2015年，国务院办公厅印发了《关于改革完善博士后制度的意见》（国办发〔2015〕87号），将"实施自然科学、人文社会科学优秀博士后论著出版支持计划"作为"十三五"期间博士后工作的重要内容和提升博士后研究人员培养质量的重要手段，这更加凸显了出版资助工作的意义。我相信，我们提供的这个出版资助平台将对博士后研究人员激发创新智慧、凝聚创新力量发挥独特的作用，促使博士后研究人员的创新成果更好地服务于创新驱动发展战略和创新型国家的建设。

祝愿广大博士后研究人员在博士后科学基金的资助下早日成长为栋梁之才，为实现中华民族伟大复兴的中国梦做出更大的贡献。

中国博士后科学基金会理事长

前　言

　　金刚石具有宽禁带、高热导率、高本征温度、高载流子迁移率、高击穿电压及良好的抗辐射特性等优点，被认为是新一代理想的半导体材料，制成的金刚石场效应管、肖特基二极管等器件可在高电压、高频率、高功率等恶劣条件下工作。金刚石晶体在生长过程及后期半导体器件的辐照处理过程中都会产生一些点缺陷，这些点缺陷对金刚石半导体性能影响很大。那么，如何表征金刚石中的这些点缺陷？它们的原子结构及电荷状态如何？利用 X 射线衍射仪、扫描电镜等材料表征手段是无法实现的。金刚石的禁带宽、欧姆接触差等性质，使得人们很难采用接触法来研究金刚石的微观缺陷。光致发光光谱作为一种对缺陷敏感但对晶体不产生损伤的非接触式显微测试方法，可用于表征金刚石半导体器件的微观缺陷，研究缺陷在晶体三维空间的分布情况。

　　本书系统地介绍金刚石本征缺陷与杂质缺陷的光致发光特性，并在此基础上构建缺陷结构模型，揭示光致变色机理。全书共 7 章，第 1 章主要讲述金刚石的基本性质及国内外研究现状。第 2 章主要从结晶学及能带结构理论、光学跃迁等方面介绍金刚石的理论基础。第 3 章讲述金刚石辐照缺陷引入与表征。第 4～6 章详细研究未掺杂、氮掺杂、硼掺杂三种金刚石辐照缺陷的光致发光与光致变色。第 7 章对本书研究进行总结。

　　在本书撰写过程中，孔繁晔博士与张宇飞、王慧军、常森等研究生协助完成文献收集、图表绘制和文字编辑等工作；在本书的框架设计、数据分析讨论及具体写作过程中，得到了布里斯托大学英国皇家院士 John W. Steeds 教授、天津大学李志宏教授、西安交通大学王宏兴教授等金刚石领域专家的关心与帮助，在此向他们谨表衷心感谢。

　　本书的出版还得到了国家自然科学基金委员会青年科学基金项目(No. 61705176)、中国博士后科学基金第 62 批面上资助一等资助(No.2017M620449)、中国博士后科学基金第 11 批特别资助(No. 2018T111056)、山西省关键基础材料协同创新中心和太原科技大学材料科学与工程学院的大力支持。

　　由于作者水平有限，书中难免存在不足和疏漏之处，恳请专家和读者批评指正。

王凯悦
2018 年 3 月 8 日

目　　录

《博士后文库》序言
前言
第1章　金刚石的基本性质 ·· 1
　1.1　金刚石的分类 ·· 1
　1.2　金刚石的结构 ·· 2
　1.3　金刚石的性质及应用 ·· 2
　1.4　金刚石的生长 ·· 3
　　　1.4.1　高温高压法 ·· 3
　　　1.4.2　化学气相沉积法 ·· 5
　　　1.4.3　金刚石的硼掺杂 ·· 5
　1.5　光学中心的命名 ·· 5
　1.6　国内外研究现状分析 ·· 6
　　　1.6.1　辐照金刚石 ·· 6
　　　1.6.2　光致发光技术 ·· 7
　1.7　本书的研究内容 ·· 7
第2章　金刚石的理论基础 ·· 8
　2.1　结晶学及能带理论 ·· 8
　　　2.1.1　晶格 ·· 8
　　　2.1.2　晶向与米勒指数 ·· 8
　　　2.1.3　倒易点阵与布里渊区 ·· 8
　　　2.1.4　禁带的产生 ··· 10
　　　2.1.5　施主与受主 ··· 12
　　　2.1.6　声子与 Raman 散射 ·· 13
　2.2　电子辐照 ··· 14
　　　2.2.1　优势 ··· 14
　　　2.2.2　电子能量 ··· 15
　　　2.2.3　电子渗透的深度 ··· 15
　　　2.2.4　电子剂量 ··· 16
　　　2.2.5　辐照区域 ··· 16
　2.3　金刚石点缺陷 ··· 16
　　　2.3.1　本征点缺陷 ··· 16

　　　2.3.2　杂质缺陷 ······ 18
　　　2.3.3　热激活能 ······ 20
　2.4　光致发光与光学跃迁 ······ 20
　　　2.4.1　光致发光 ······ 20
　　　2.4.2　辐射跃迁 ······ 21
　　　2.4.3　Huang-Rhys 因子 ······ 23
　　　2.4.4　Jahn-Teller 效应 ······ 24
　　　2.4.5　振动结构与局部振动模 ······ 25
　2.5　外加场的作用 ······ 26

第 3 章　金刚石辐照缺陷引入与表征 ······ 27
　3.1　金刚石试样的制备 ······ 27
　3.2　透射电子显微镜 ······ 28
　3.3　低温 PL 光谱及 Raman 光谱 ······ 29
　　　3.3.1　低温冷却 ······ 30
　　　3.3.2　Renishaw 激光共聚焦显微 Raman 光谱仪 ······ 30
　3.4　激光共聚焦显微 Raman 光谱仪的校正 ······ 31
　3.5　WiRE™ 软件 ······ 32
　　　3.5.1　软件的设置 ······ 32
　　　3.5.2　光谱的采集 ······ 33
　　　3.5.3　线扫描与面扫描 ······ 33
　　　3.5.4　曲线的拟合 ······ 34
　3.6　退火 ······ 35

第 4 章　Ⅱa 型金刚石辐照缺陷的光致发光与光致变色 ······ 36
　4.1　引言 ······ 36
　4.2　光学中心 ······ 38
　　　4.2.1　Raman 峰 ······ 41
　　　4.2.2　3H 中心 ······ 41
　　　4.2.3　GR1 中心 ······ 43
　　　4.2.4　515.8nm、533.5nm 及 580nm 中心 ······ 44
　4.3　实验条件的影响 ······ 46
　　　4.3.1　辐照电子剂量 ······ 47
　　　4.3.2　剂量速率 ······ 49
　　　4.3.3　辐照温度 ······ 51
　　　4.3.4　辐照电压 ······ 51
　　　4.3.5　测试温度 ······ 54

		4.3.6 局部应力 ··· 55

- 4.4 紫外激光激发与光致变色 ··· 58
- 4.5 光学中心的空间分布 ··· 60
  - 4.5.1 辐照平面方向 ··· 60
  - 4.5.2 深度方向 ··· 62
- 4.6 退火 ·· 66
- 4.7 扫描电子显微镜 ··· 74

第5章 Ⅰ型金刚石辐照缺陷的光致发光与光致变色 ··························· 77

- 5.1 引言 ·· 77
- 5.2 光学中心 ·· 81
- 5.3 紫外激光激发与光致变色 ··· 85
- 5.4 退火 ·· 89
- 5.5 扫描电子显微镜 ··· 94
- 5.6 杂质氮在晶体中的分布情况 ·· 97
- 5.7 缺陷结构与电荷状态 ··· 102
  - 5.7.1 3H 中心 ··· 102
  - 5.7.2 515.8nm、533.9nm 与 580nm 中心 ······························· 104
  - 5.7.3 523.7nm 中心与 626.3nm 中心 ····································· 105
- 5.8 NV 中心的相互转化 ·· 107

第6章 Ⅱb型金刚石辐照缺陷的光致发光及光致变色 ··························· 108

- 6.1 引言 ·· 108
- 6.2 光学中心 ·· 113
  - 6.2.1 635.7nm 中心 ·· 114
  - 6.2.2 666.0nm 中心 ·· 115
  - 6.2.3 648.1nm 中心 ·· 116
  - 6.2.4 其他光学中心 ·· 117
- 6.3 光致变色及热致变色 ··· 117
- 6.4 扫描电子显微镜 ··· 124
- 6.5 缺陷结构模型 ··· 126
  - 6.5.1 635.7nm/666.0nm 中心(DB1 中心) ······························· 126
  - 6.5.2 648.1nm 中心 ·· 127
- 6.6 光致变色与热致变色 ··· 127

第7章 总结 ·· 129

参考文献 ·· 132

彩图

第1章 金刚石的基本性质

金刚石在千年前就已经被发现了,古希腊科学家将其命名为"Invincible",但由于金刚石是由碳原子组成的,天然存在的极少。天然金刚石是在很深的地壳中极高温高压下形成的,然后经火山喷发带至地表,最终形成矿石。

1.1 金刚石的分类

纯净的金刚石是无色透明的,但几乎所有的金刚石中都存在或多或少的杂质,很大程度上影响了材料的品质及颜色(如黄色、蓝色、绿色、橙色等)。最常见的杂质就是氮[1,2],其次是硼。按照金刚石氮含量的高低,可将金刚石分为两大类:Ⅰ型与Ⅱ型。

Ⅰ型金刚石的含氮量为 20~500ppm①(parts per million),因此氮是Ⅰ型金刚石中最主要的杂质;而Ⅱ型金刚石含氮量低于 10ppm。为了更方便地研究金刚石,按照其缺陷类型与吸收光谱(氮原子的存在形式)可将金刚石进一步分类,如表 1-1 所示。

表 1-1 金刚石的分类

类型	特征	电阻率/($\Omega \cdot cm$)
Ⅰa	A 型团聚(两个最近邻的取代氮原子团聚)、N3 中心或 B 型团聚(四个取代氮原子的团聚);A 边带、B1 峰、B2 峰	$>10^{15}$
Ⅰb	孤立的取代氮原子,浓度可高达 500ppm;吸收峰在 0.14eV 与 0.167eV 处	$>10^{15}$
Ⅱa	氮仍然是最主要的杂质,但它的浓度不大于 10ppm;Ⅱa 型金刚石是一种非常纯净的无色透明晶体,自然界中存在极少;其近紫外的基本吸收边带位于 5.5eV 处,远红外边带位于 0.5eV 处	$>10^{13}$
Ⅱb	杂质以硼为主;受主边带、自由载流子吸收;p 型半导体	150

① ppm 为 10^{-6} 量级

1.2 金刚石的结构

金刚石的布拉维点阵是面心立方结构,有两种基本原子:$(0, 0, 0)$ 与 $\left(\dfrac{1}{4}, \dfrac{1}{4}, \dfrac{1}{4}\right)$,如图 1-1 所示。晶胞内每个碳原子与四个最近邻的碳原子连接,呈正四面体结构,与 Si、Ga 结构相同。其结构是由两套面心立方格子沿立方体晶胞的对角线错开 1/4 套构而成的复式晶格。

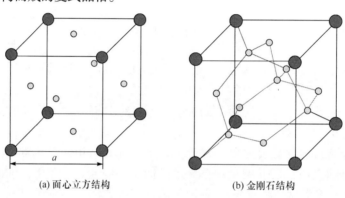

(a) 面心立方结构　　　　(b) 金刚石结构

图 1-1　金刚石的结构示意图

杂化轨道理论可用于解释共价键的性质与对称性,对于碳原子来说,存在三种杂化轨道:sp^1、sp^2、sp^3。其中 sp^3 杂化时,每个碳原子与四个最近邻的碳原子形成共用电子对,即形成四个 σ 键,为正四面体结构,这种严格的杂化方式形成了金刚石;sp^2 杂化形成了另一种常见的同素异形体——石墨,它是由每个碳原子与最近邻的三个碳原子形成共用电子对,从而形成三个 σ 键。因为 sp^2 杂化后三个轨道在同一个平面内,所以这些碳原子都在同一平面内。

金刚石中原子间距为 0.154nm,晶胞参数为 0.357nm,其填隙率约为 34%。自然界中最常见的同位素是 ^{12}C,此外还存在约 1.049% 的 ^{13}C,以及更加稀少的放射性 ^{14}C。

1.3 金刚石的性质及应用

金刚石是一种重要的宽禁带半导体材料。它的间接带隙约为 5.47eV,这使得纯净的金刚石在所有可见光区域内都是透明的,因此可用作军事及太空工程中的透明窗口。

金刚石具有良好的抗辐射特性，因此它是制作粒子探测器与辐射探测器的理想材料。金刚石还具有高热导率、高载流子迁移率以及极高的击穿电压，与其他半导体材料的电学性能比较见表1-2[3, 4]。因此通过掺杂制得的金刚石p-n结，具有优异的电学性能。

表1-2 金刚石与其他常见半导体材料电学性能的对比

	Si	GaAs	a-GaN	4H-SiC	6H-SiC	金刚石
带隙/eV	1.1	1.4	3.4	3.3	3.0	5.47
禁带特点	间接	直接	直接	间接	间接	间接
载流子迁移率/(cm^2/Vs)：电子与空穴	1400, 600	8500, 400	2000, 100	900, 100	450, 50	2150, 1700
热导率/[W/(cm·K)]	1.5	0.46	1.3	3.3	3.5	25
击穿电压/(10^5 V/cm)	3.0	4.0	40	20	20	50~200

当然，要想把金刚石广泛用于器件的制备，必须克服以下两个难题。

一是金刚石n型掺杂困难。关于金刚石的p型掺杂的报道很多，硼是最常见的受主原子，其受主能级位于价带之上约0.37eV处[5]。目前关于n型掺杂的研究主要集中在硫[6]和磷[7, 8]，这两种原子理论上可以形成n型掺杂。磷可在禁带中形成非常浅的施主能级，约在导带之下0.6eV处；早期的一些研究发现硫在位于导带之下约0.35eV处也可形成非常浅的施主能级。然而近期的研究表明，更有可能用于制备n型金刚石的是磷而不是硫[9]。另外，氮也是金刚石中常见的深能级施主原子，其施主能级位于导带之下约1.7eV处[10]。

二是生产大尺寸、高品质的金刚石成本很高。这就要求必须克服金刚石生产中的很多问题，既要控制金刚石的生长速度，又要保证其生长的品质，还要能够降低成本，并批量生产。目前关于金刚石的合成主要有两种方法，见1.4节。

1.4 金刚石的生长

金刚石的合成方法主要有高温高压[11, 12](high temperature and high pressure，HTHP)和化学气相沉积[13](chemical vapour deposition，CVD)两种方法。

1.4.1 高温高压法

这种合成技术必须在一个可以承受1500K、100kbar(1bar=10^5Pa)温度和压力的反应舱内进行,因为只有在高温高压下碳原子才会以 sp^3 杂化方式团聚,形成金刚石,其温度-压力相图见图 1-2。

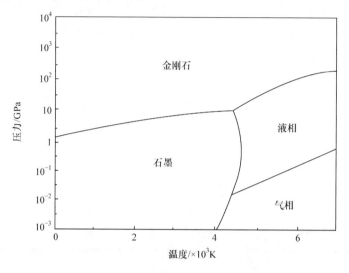

图 1-2　金刚石的温度-压力相图

常见的方法就是温度梯度法合成金刚石,其组装图见图 1-3,首先在舱底加入少量的金刚石晶种,然后加入金属触媒(常见的是镍、铁或钴),最上边是碳源(经常是石墨)。金刚石生长的关键就在于在晶种、金属触媒及碳源方向形成温度梯度。当碳源被加热至 1500K 左右时,其温度明显高于晶种处的温度,碳原子就会由碳源向晶种方向扩散,中间经过液态的触媒,然后在晶种上沉积。而晶种随着温度梯度的持续存在而不断地生长,也确保了碳原子不会被重新溶回触媒中。

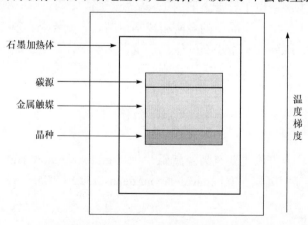

图 1-3　高温高压合成舱内的结构

1.4.2 化学气相沉积法

20世纪90年代，使用CVD法终于成功地合成了金刚石，需要的温度和压力都明显小于HTHP法。标准的合成舱内装有氢气，其中含有少量（~1%）的甲烷，记作1%CH_4/H_2。舱内压力很低，约为1/10大气压，衬底经常选用钼或硅。所有的CVD技术都需要一种含有碳原子的前驱体气体分子，通过灯丝加热、微波等离子、燃烧等进行活化。当衬底温度高达1000~1400K时，在衬底之上就开始沉积金刚石薄膜。

在CVD法合成金刚石的温度及压力下，石墨是最稳定的同素异形体。要想在衬底上把石墨转化为金刚石，反应必须在氢气氛围下进行。利用热激活或电子轰击，将氢分子转化为氢原子，氢原子可以与甲烷及其他非金刚石形式的碳反应，形成激活态的碳原子，并扩散至衬底上，形成金刚石薄膜。该过程中氢原子起到了重要的作用，氢原子中的单电子有利于防止金刚石生长结束时表层石墨化。

1.4.3 金刚石的硼掺杂

硼是金刚石中最常见的受主原子，其受主能级位于价带之上约0.37eV处[5]。HTHP法合成时，只需在合成舱内加入硼粉即可；而CVD法合成时，需要将B_2H_6与H_2预混合后，按照一定流速引入反应气体CH_4中，从而将硼引入反应体系。当然也可以用硼粉、H_3BO_3作为添加剂或在衬底处放置一片B_2O_3薄片。另外一种方法就是离子注入法，但这种方法得到的试样中硼分布是不均匀的。

1.5 光学中心的命名

光学系统中最重要的就是零声子线（zero phonon line，ZPL），Clark等[14]引入字母来标识金刚石的光学中心，见表1-3。当然研究中会观察到很多其他的零声子线，尤其是光致发光（photoluminescence，PL）光谱中，也用相应的字母来标识，单位是eV或nm。

表1-3 Clark等引入的零声子线命名

试样	零声子线命名	范围
天然金刚石	N（nature diamond）	N1(1.50eV)~N9(5.26eV)
普通辐照金刚石	GR（general radiation）	GR1(1.67eV)~GR8(3.00eV)
辐照Ⅱ型金刚石	TR（type Ⅱ radiation）	TR12(2.64eV)~TR17(2.83eV)
热处理金刚石	H（heat treatment）	H1(0.18eV)~H18(3.56eV)

1.6 国内外研究现状分析

半导体材料的发展是一个国家国防科技水平的重要标志。第一代半导体材料硅的问世，使得电子信息产业飞速发展，其主要应用于低压、低频、中功率晶体管及光电探测器，但随着半导体材料的迅猛发展，现有的半导体材料，如 Si、GaAs 等，越来越不能满足社会发展的需要，人们对应用于高电压、高频率、高功率等苛刻条件下的宽禁带半导体材料要求越来越迫切。金刚石具有宽禁带、高热导率、高本征温度、高载流子迁移率、高击穿电压及良好的抗辐射特性等优点，被认为是新一代理想的半导体材料，制成的金刚石场效应管、肖特基二极管等器件可在航空航天等恶劣条件下工作。

半导体掺杂最常见的手段是离子注入，离子注入的同时产生了大量的间隙原子及空位等本征缺陷，这些缺陷结构对半导体器件的宏观性能影响很大。低功率 Si 电子器件制备工艺中，经常采用中子嬗变掺杂来实现大面积 n 型掺杂，利用电子辐照方式来控制载流子寿命，这种工艺在金刚石半导体器件中也能用到。

实际上，金刚石晶体在生长过程及后期半导体器件的辐照处理过程中都会产生一些微观缺陷，这些微观缺陷对金刚石半导体器件宏观性能影响很大，因此建立金刚石半导体器件的微观缺陷结构与宏观性能之间的对应关系具有重要的研究意义。那么，如何表征金刚石半导体器件中的这些微观缺陷？它们的结构及电荷状态如何？利用 X 射线衍射、扫描电镜等材料表征手段是无法实现的。金刚石的禁带宽、欧姆接触差等性质，使得人们很难采用接触法来研究金刚石的微观缺陷。

PL 光谱作为一种对缺陷敏感但对晶体不产生损伤的非接触式显微测试方法，可用于表征金刚石半导体器件的微观缺陷，研究缺陷在晶体三维空间的分布情况。辐照金刚石的 PL 光谱中存在很多发光信号（称为"光学中心"），每个光学中心都对应着一种电荷状态下的微观缺陷。然而，目前对于 PL 光谱中很多光学中心对应微观缺陷的结构及电荷状态仍然不清楚，因此在建立金刚石半导体器件微观缺陷结构与宏观性能之间的对应关系之前，必须弄清楚 PL 光谱中光学中心对应的缺陷结构及电荷状态。

1.6.1 辐照金刚石

目前，国内关于金刚石辐照缺陷表征的研究匮乏，虽然较为相关的研究有一些，如吉林大学超硬材料国家重点实验室[15]、中国地质大学珠宝学院[16]、四川大学物理科学与技术学院[17]、山东大学晶体材料国家重点实验室等[18]。国外关于金刚石辐照缺陷的研究开始于 1904 年，William Crookes 首次利用镭发射出的α粒子对金刚石进行辐照研究[19]。实验成功地引入丰富的缺陷结构，使得原来无色透明的晶体变成蓝绿色。自此以后，辐照金刚石的研究引起了人们的极大兴趣，中子、γ射线、离子及电子等逐渐被应用于此领域[20, 21]。

标准的电子辐照都是在 Van de Graaff 发生器中完成的，但辐照电子能量过高(1~2meV)，可穿透整个金刚石，从而形成过多的复杂缺陷。本书采用的电子辐照是由 Philips EM430 透射电子显微镜(transmission electron microscope，TEM)实现的，且在 TEM 中附加了一个带有磁场的弯曲光路，成功地除去了粒子束中电子以外的其他杂质，这使得作用于试样的粒子只有电子。另外，该 TEM 电子能量最高为 300keV，刚好大于金刚石中碳原子的位移阈能(~97keV)，因此不会引起金刚石中碳原子间的多级碰撞，只能形成简单的、孤立的点缺陷。事实证明 TEM 还具有很多其他优点，如光束可聚焦成需要的尺寸、选区辐照等。

1.6.2 光致发光技术

PL 技术是一种研究材料缺陷的重要工具，它最大的优点就是对缺陷敏感且对材料无损坏。相比之下，阴极射线发光(cathodeluminescence，CL)光谱具有很多劣势，如获得低温很难、加速电压不可调节、能量太高使得部分缺陷中心发生离子化(或电荷转移)等。

另外，PL 技术还可以研究几微米范围内的点缺陷及杂质分布情况，而吸收光谱作为宏观测试容易引起人们的质疑；薄膜较厚时，吸收光谱中信号比较杂乱，而这些对 PL 光谱的品质及灵敏度没有影响。

1.7 本书的研究内容

本书采用透射电镜近阈能辐照技术，对Ⅱa型、Ⅰ型、Ⅱb型等多种金刚石进行电子辐照以形成孤立的本征缺陷，通过研究 PL 光谱中光学中心的振动光谱、扩散情况，以及应力、杂质、紫外激光照射对光学中心强度与分裂情况的影响，结合同位素辅助技术，根据同位素引起缺陷质量变化而造成局部振动模偏移的特征，最后阐明金刚石光学中心对应的缺陷结构及电荷状态，并揭示其光致变色机理，为金刚石半导体器件制备及性能调控提供理论基础。

首先，从结晶学、能带结构理论、光学跃迁等方面介绍金刚石的理论基础(第2章)；其次，介绍金刚石辐照缺陷引入及表征，包括金刚石制备、辐照缺陷引入、低温 PL 光谱及数据处理等(第3章)；再次，详细研究未掺杂、氮掺杂、硼掺杂三种金刚石辐照缺陷的光致发光及光致变色研究(第4~6章)；最后对本书研究要点进行总结(第7章)。

第 2 章　金刚石的理论基础

2.1　结晶学及能带理论

2.1.1　晶格

为了描述晶体的空间结构，定义三个基本平移矢量（a、b、c），那么晶体就是由它们所确定的一个点阵上的原子所构成的。从任意一个点 r 经平移至 r' 时，它们的原子排列相同，那么

$$r' = r + ua + vb + wc \tag{2-1}$$

其中，u、v、w 为任意整数。

如果 a、b、c 为一个平行六面体的三条邻边，那么该平行六面体就是一个初基平行六面体，点阵的平移操作定义为：晶体通过平移矢量

$$T = ua + vb + wc \tag{2-2}$$

平行于自身的位移，任意两阵点都以这种形式的矢量连接起来。

2.1.2　晶向与米勒指数

为了更好地描述晶胞内原子及晶面的空间分布，定义米勒指数来表征晶向及晶面。如图 2-1 所示，一个晶面分别交三个轴于 A、B、C 三点。a、b、c 为初基矢量，晶格参数分别为 a、b、c。那么 OA、OB、OC 分别为平面在三个矢量上的截距，且均为晶格参数的整数倍，如图 2.1 所示分别为 $(a, 2b, 3c)$，定义：

$$h : k : l = OA^{-1} : OB^{-1} : OC^{-1} \tag{2-3}$$

取 (hkl) 的最小整数比，即为晶面指数（米勒指数），图中晶面 ABC 的米勒指数为 (632)。

2.1.3　倒易点阵与布里渊区

定义倒易点阵：

$$A = 2\pi \frac{b \times c}{a \cdot b \times c} \quad B = 2\pi \frac{c \times a}{a \cdot b \times c} \quad C = 2\pi \frac{a \times b}{a \cdot b \times c} \tag{2-4}$$

其中，*a*、*b*、*c*为晶格点阵的初基矢量，那么 *A*、*B*、*C* 为倒易点阵的初基矢量。

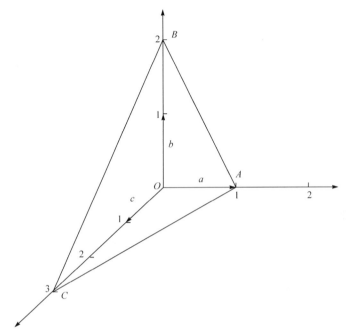

图 2-1　晶面在三个坐标轴的截距分别为 a、$2b$、$3c$，则该晶面的米勒指数为 (632)

定义倒易点阵中的任意矢量

$$G = hA + kB + lC \tag{2-5}$$

Kittel 和 Blakemore[22, 23]推导出 *G* 与真实点阵中 (*hkl*) 的关系为

$$d_{hkl} = \frac{2\pi}{G_{hkl}} \tag{2-6}$$

其中，h、k、l 为整数。

在倒易空间内，布里渊区对衍射条件

$$2\bm{k} \cdot \bm{G} = G^2 \quad \text{或} \quad \bm{k'} \cdot \frac{1}{2}\bm{G} = \left(\frac{1}{2}G\right)^2 \tag{2-7}$$

给予了生动的几何解释，作一个平面，垂直平分矢量 *G*，由原点到这个平面的任何矢量 *k* 都满足衍射条件，见图 2-2。

如果入射光满足方程 (2-7) 的大小与方向，就会发生衍射，且衍射束在矢量 *k*-*G* 的方向上。倒易点阵的中央晶胞被称为第一布里渊区，它是由原点出发的诸倒易点阵矢量的垂直平分平面组成的、完全封闭的最小体积。

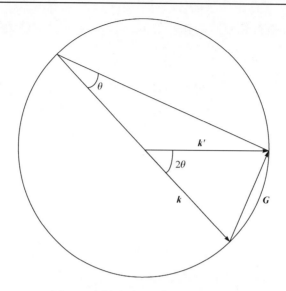

图 2-2 倒易点阵中二维 Ewald 造图

2.1.4 禁带的产生

根据自由电子模型，容许能值从零连续分布至无限，薛定谔方程：

$$\varepsilon_k = \frac{\hbar^2}{2m}(k_x^2 + k_y^2 + k_z^2) \tag{2-8}$$

按照边长为 L 的立方体的周期性边界条件，k 取值为

$$k_x,\ k_y,\ k_z = 0;\ \pm\frac{2\pi}{L};\ \pm\frac{4\pi}{L};\ \cdots \tag{2-9}$$

自由电子波函数的形式为

$$\psi_k(\mathbf{r}) = \exp(\mathrm{i}\mathbf{k}\cdot\mathbf{r}) \tag{2-10}$$

它们表示行波，且携带动量 $\mathbf{p} = \hbar\mathbf{k}$。

通常采用近自由电子模型来描述晶体的能带结构，即认为价电子仅仅受到离子实（原子核和内层电子看成一个离子实）的周期势场的微扰。晶体中电子波的布拉格反射是能隙形成的起因，由此产生一些相当大的能量区间内不存在薛定谔方程的类波解，如图 2-3 所示。

对于点阵常数为 a 的一维线型固体，图 2-3 中定性地表示了能带结构的低能部分，其中图 2-3(a) 为自由电子模型；图 2-3(b) 为近自由电子模型，两图类似，但图 2-3(b) 在 $k = \pm\pi/a$ 处有一个能隙；一维情况下的衍射条件为

$$k = \pm\frac{1}{2}G = \pm n\pi/a \tag{2-11}$$

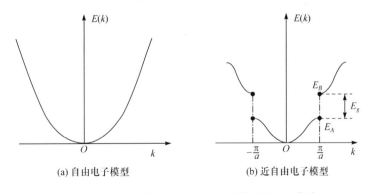

图 2-3 自由电子模型与近自由电子模型的 E-k 曲线

第一序反射和第一能隙出现在 $k=\pm\pi/a$ 处，其余能隙则出现在整数 n 取其他值时。在 $k=\pm\pi/a$ 处之所以发生发射，是因为由一维点阵中一个原子所反射的波同最近邻原子所反射的波发生干涉（由于相位差为 2π）。倒易空间中 $-\pi/a$ 与 π/a 之间的区域为第一布里渊区。

当满足布拉格条件时，沿一个方向的波受到布拉格反射，而向相反方向传播，每次相继的布拉格反射使进行方向逆转一次。唯一不依赖于时间的情况是驻波，由 $e^{i\pi x/a}$ 和 $e^{-i\pi x/a}$ 可构成两个不同的驻波：

$$\psi(+)=e^{i\pi x/a}+e^{-i\pi x/a}=2\cos(\pi x/a) \tag{2-12}$$

$$\psi(-)=e^{i\pi x/a}-e^{-i\pi x/a}=2i\sin(\pi x/a) \tag{2-13}$$

这两个驻波使得电子聚集在不同的区域内，因此这两个驻波具有不同的势能，这就是能隙形成的原因。一个粒子的概率密度为 ψ^2，对于纯粹的行波 e^{ikx} 有 $\rho=e^{-ikx}\cdot e^{ikx}=1$，即电荷密度为恒量；而对于平面波的线性组合，电荷密度不是恒量。驻波 $\psi(+)$ 的概率密度为

$$\rho(+)=|\psi(+)|^2\propto\cos^2(\pi x/a) \tag{2-14}$$

它使得负电荷聚集在中心位于 $x=0, a, 2a, \cdots$ 的正离子实上，势能最低。图 2-4 为驻波 $\psi(+)$、$\psi(-)$ 以及行波的电子密度分布。由图可知，单原子线型点阵的正离子实电场中传导电子的静电势能变化，离子实带正电荷，因为每个原子贡献出一个或更多的价电子，以形成导带。电子在正离子实场内的势能是负的，也就是吸引性的。波函数 $\psi(+)$ 使电子电荷聚集在正离子实上，从而将势能降到行波所感受的平均势能以下；波函数 $\psi(-)$ 使电荷聚集在离子实之间的区域内，从而使得势能升高到行波所感受的平均势能以上。驻波 $\psi(-)$ 的概率密度为

$$\rho(-)=|\psi(-)|^2\propto\sin^2(\pi x/a) \tag{2-15}$$

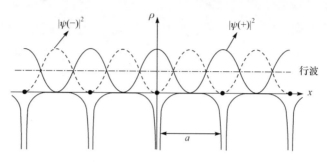

图 2-4 点阵中 $\psi(+)$、$\psi(-)$ 及行波的概率密度 ρ 的分布

它倾向于使电子分布在相邻离子实的连线中点，即离开离子实。可以预测 $\rho(+)$ 的势能低于行波的势能，而 $\rho(-)$ 的势能高于行波的势能。$\rho(+)$ 与 $\rho(-)$ 的能量差 E_g 就是能隙宽度。图 2-3(b)中恰好在能隙上界 A 点的波函数为 $\psi(+)$，而恰好能隙下界 B 点的波函数为 $\psi(-)$。

布里渊区边界上的波函数对单位长度归一化后为 $\sqrt{2}\cos(\pi x/a)$ 和 $\sqrt{2}\sin(\pi x/a)$，晶体势能为 $U(x)=U\cos(2\pi x/a)$。这两个状态的能量差的一级近似为

$$E_g = 2U\int_0^1 dx[\cos(2\pi x/a)][\cos^2(\pi x/a)-\sin^2(\pi x/a)] = U \quad (2\text{-}16)$$

这个能隙等于晶体势能的傅里叶分量的幅度。

2.1.5 施主与受主

某些杂质和缺陷强烈影响半导体的电学性质，金刚石中掺入杂质原子，如硼、磷、氮等，就会在禁带中产生杂质能级，这种有意识地把杂质引入半导体的方法称为掺杂。

金刚石中每个碳原子形成四个共价键，同它的每一个相邻的碳原子形成一个共价键，相当于化学价为四价。如果用一个五价的杂质原子，如磷或氮，取代了点阵中的一个正常原子(不是间隙位置)，且与最近邻的碳原子建立起四个共价键，也就是杂质原子以尽可能小的微扰纳入金刚石结构中。此外，还剩下一个价电子，它在禁带中形成一个能态，那么该价电子跃迁至导带所需要吸收的能量就低于禁带跃迁所需的能量。这种能够提供电子的杂质原子称为施主。整个晶体保持电中性，且这个电子仍保留在晶体内。

通过修正氢原子的玻尔理论，可以估算施主杂质的电离能：

$$E_d = \frac{e^4 m_e}{2(4\pi\varepsilon\varepsilon_0\hbar)^2} \quad (2\text{-}17)$$

其中，m_e 为电子的有效质量；ε 为金刚石的静态介电常数；ε_0 为金刚石的真空介电常数。式(2-17)只适用于施主原子进入晶格后没有明显改变局部周期性的情况，而氮掺杂的金刚石中，氮原子进入晶格后使得正四面体的一个键伸长了30%，因此式(2-17)就不再适用。

金刚石中磷的电离能约为 0.6eV[8]，其施主能级位于导带附近，被称为浅能级掺杂；而氮原子的电离能约为 1.7eV[10]，其施主能级位于禁带中间附近，被称为深能级掺杂。含有施主原子的材料，在高温下具有导电性能，这是因为高温时带负电荷的电子能够跃迁至导带，这种材料被称为 n 型半导体。

同理，如果杂质原子具有三个价电子，如硼，取代金刚石点阵中的碳原子，那么除了形成四面体结构外，还会在价带之上形成一个空穴的杂质能级。这种带正电的空穴可以接受由价带跃迁的电子，该杂质能级被称为受主能级。硼是金刚石中最常见的受主原子，它的受主能级位于价带之上约 0.37eV 处的浅能级[5]，这种含有正电荷空穴的材料被称为 p 型半导体。

2.1.6 声子与 Raman 散射

点阵振动的能量是量子化的，与电磁波的光子类似，这种能量量子称为声子。晶体中的弹性波是由声子组成的，其能量为

$$\varepsilon_n = \left(n + \frac{1}{2}\right)\hbar\omega \tag{2-18}$$

其中，ω 为晶格振动频率；n 为量子数。声子量子化的振动能为 $\hbar\omega$，动量为 $\hbar k$。声子主要有声学和光学两种模，声学模是沿着晶体的某些方向严格地位移，且在布里渊区中心处的恢复力为零，因此能量为零，与简谐振动的声波类似；而光学声子具有最小的振动频率，在布里渊区中心处能量不为零，且这种模比较容易被光激发，因此称为光学声子。除了体声子外，在缺陷附近还可能会出现局部声子，这是因为缺陷的存在，破坏了其附近的原子周期性排列，从而形成了缺陷相关的振动结构，更多内容见 2.4.5 节。

当近禁带光照射金刚石时，在缺陷处会有一部分光被吸收或散射。Raman 散射过程中，主要涉及两个光子：一个射入，一个放出。当光子被晶体非弹性地散射时，伴随着一个声子的发射或吸收(图 2-5)。

这个过程与 X 射线的非弹性散射完全相同，与中子在晶体中的非弹性散射相似，一级 Raman 散射的选择定则为

$$\omega = \omega' \pm \Omega, \qquad k = k' \pm K \tag{2-19}$$

其中，ω、k 属于入射光子；ω'、k' 属于散射光子；而 Ω、K 属于在散射过程中发射或吸收的声子。晶体可以发射频率为 $\omega + \Omega$ 和 $\omega - \Omega$ 的光子，伴随着一个

频率为 Ω 的声子的吸收或发射。频率为 $\omega-\Omega$ 的光子被称为斯托克斯线(Stokes line)，而频率为 $\omega+\Omega$ 的光子被称为反斯托克斯线(anti-Stokes line)。斯托克斯线的强度涉及声子产生的矩阵元，且正好是谐振子的矩阵元，其强度为

$$I(\omega-\Omega)\propto|<n_K+1|u|n_K>|^2 \propto n_K+1 \tag{2-20}$$

其中，n_K 为声子模 K 的初始离子布居；反斯托克斯线涉及声子吸收，其强度为

$$I(\omega+\Omega)\propto|<n_K-1|u|n_K>|^2 \propto n_K \tag{2-21}$$

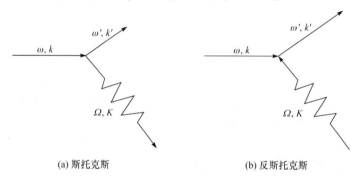

(a) 斯托克斯　　　　　　　(b) 反斯托克斯

图 2-5　一个光子的 Raman 散射，伴随着一个声子的发射或吸收

如果初始声子布居数是处于温度 T 下的热平衡中，两条线的强度比为

$$\frac{I(\omega+\Omega)}{I(\omega-\Omega)}=\frac{\langle n_K \rangle}{\langle n_K \rangle+1}=\mathrm{e}^{-\hbar\Omega/k_BT} \tag{2-22}$$

此处 $\langle n_K \rangle$ 由普朗克分布函数 $1/(\mathrm{e}^{\hbar\Omega/k_BT}-1)$ 给出，可以看出，当 $T\to 0$ 时，反斯托克斯线的相对强度随之趋于零，说明此时不存在可供吸收的热声子。

Raman 光谱是一种研究晶体材料非常灵敏且有效的手段，其形状及位置都直接与材料本身、激光能量及温度有关，而且局部应力也会改变 Raman 峰的位置。Raman 线宽直接反映晶体的品质，同样局部应力也会使得其变宽或被破坏。

2.2　电子辐照

2.2.1　优势

电子辐照的最大优点就是能够很好地控制辐照能量，还可以通过改变电子流动总量(电子剂量)产生不同深度的缺陷。与其他粒子，如质子、中子、离子等相比，电子质量小，因此它与晶格原子碰撞引起的损伤远远小于其他高质量的粒子引起的损伤，也就是说，电子动能小，不会引起金刚石中碳原子的多级碰撞，而

只是形成一系列孤立的、简单的点缺陷。

2.2.2 电子能量

为了在金刚石中引入本征点缺陷(native point defect)，电子辐照的能量必须大于碳原子的位移能 E_d(~97keV)。它是指一个碳原子断开 C—C 键，沿着最短的路程达到最邻近的、稳定的间隙位置(如 Frenkel 对)所需要的能量[24]。以一个孤立的碳原子为例，利用相对论可以计算出其最大的碰撞能，见式(2-23)：

$$E_{\max} = 4\frac{E_i}{M_cC^2}\left(\frac{E_i}{2} + m_ec^2\right) \quad (2-23)$$

其中，E_i 为电子能量；m_e 和 M_c 分别为电子与碳原子剩余的质量。

Kohn 认为金刚石[111]晶向原子间距最大，原子位移的阻力最小[24]；而文献[25]研究发现最小的位移能是沿[100]晶向。金刚石中每一个 C—C 键的键能是 7.9eV[26]，每一个金刚石晶胞 C—C 键断裂所需的能量 E_d 最少为 31.6eV(简单地乘以 4)。前面利用 TEM 进行电子辐照，发现沿[100]晶向，辐照电子能量在 130keV 时没有发生碳原子位移，而在 150keV 时碳原子发生位移(通过 GR1(general radiation one)中心的出现与否判断，关于 GR1 中心的详细介绍见 2.3.1 节)。利用式(2-23)可计算得到 E_d 的范围为 31.4eV > E_d > 26.75eV。假设 C—C 键的键能是准确的，那么破坏四个 C—C 键所需的能量要低于 31.4eV(TEM 电子能量的精确度可达到 1keV。200keV 电子辐照时，计算的最大轰击能量为 43.7eV；300keV 电子辐照时最大轰击能量为 70.9eV)。

2.2.3 电子渗透的深度

电子进入试样的深度对产生缺陷的深度影响很大。当一个电子作用在固体表面时，会与原子核及核外电子产生弹性和非弹性两种碰撞，因此辐照可以在材料中引入缺陷。假设轰击电子的能量在试样表面消失很快，那么引入缺陷的面积非常小，但密度很大。相反，如果电子进入晶体内部越深，那么辐照后就会得到很多可扩散的缺陷中心。考虑到电子在材料中的散射效应[27]，电子位移的最大值 R_{KO} 可由式(2-24)计算：

$$R_{KO} = \frac{0.0276AE_0^{1.67}}{Z^{0.899}\rho}\mu m \quad (2-24)$$

其中，E_0 为电子辐照的能量，单位为 keV；A 为原子量，单位是 $g \cdot mol^{-1}$；ρ 为试样密度，单位是 $g \cdot cm^{-3}$(金刚石为 $3.52g \cdot cm^{-3}$)；Z 为原子序数(碳为 6)。

利用式(2-24)可以计算得到，当 300keV 电子辐照时，电子在晶体中大约渗透 250μm，而 200keV 电子辐照时，电子渗透约为 130μm。

2.2.4 电子剂量

通过调节 TEM 中光束的电流，可以得到不同的电子剂量。电子剂量总量的选择主要依赖于电子束的流速(电流)、直径及辐照持续的时间。单位面积的电子总剂量为

$$D = \frac{4It}{\pi d^2 e} \tag{2-25}$$

其中，I 为电流；t 为辐照时间；d 为辐照区域的直径；e 为电子电量。

2.2.5 辐照区域

在试样上选择辐照区域时，其辐照能量一般要高于金刚石中碳原子的位移阈能(~97keV)[24]。首先利用 TEM 观察到试样的边缘部位，而因为试样的厚度已经超过了透射电子所能穿越的厚度，所以观测区都是阴影，只能控制 TEM 上的标尺改变试样的 (x,y) 进给量，使得电子束照射于试样预定位置。

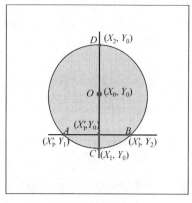

图 2-6 寻找辐照中心

为了准确地找到辐照区域，可在一个较大的范围内进行 Static 面扫描，利用 PL 光谱中的 GR1 中心的分布来确定其辐照区域的边界，这是因为 GR1 中心一般在所有金刚石的辐照区域内都能观察到，且强度比较高。

当然，我们也经常采用 Static 线扫描来寻找辐照区域，它更节省时间，如图 2-6 所示。首先在所研究的区域附近沿水平方向 AB 作 PL 线扫描光谱，发现 GR1 中心存在的边界点 $A(X'_1, Y_1)$，$B(X'_1, Y_2)$，计算出中点 (X'_1, Y_0)；然后再沿垂直方向 CD 作 PL 线扫描光谱，同样可以观察到边界点 $C(X_1, Y_0)$，$D(X_2, Y_0)$，这样就计算出辐照中心 $O(X_0, Y_0)$。

电子辐照金刚石后，可以形成两种基本的缺陷，空位(vacancy)及间隙原子(interstitial)，它们可由 PL 光谱、吸收光谱及电子顺磁共振技术光谱(electron paramagnetic resonance, EPR)等进行表征。

2.3 金刚石点缺陷

2.3.1 本征点缺陷

本征点缺陷一般都存在于天然及人造金刚石中，但也可以由辐照等方式产生。

金刚石中的本征点缺陷只有两种：一种是空位，另一种是间隙碳原子。

1. 空位

金刚石中的空位主要存在中性与负电两种电荷状态。

中性空位(neutral vacancy)V^0是由最邻近的四个碳原子组成的正四面体结构(图2-7)，故该空位是由四个电子组成的，但由于其具有正四面体对称性，故呈电中性。

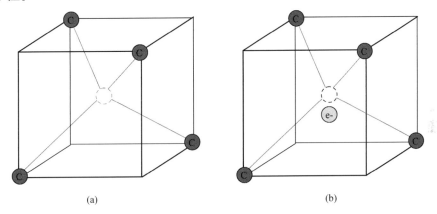

图 2-7　金刚石的中性(GR1)及带负电(ND1)空位

空位可以明显改变晶格局部的周期性，从而在金刚石禁带中产生相应的基态及其激发态。大量的 PL 光谱与吸收光谱都发现它的基态位于深能级，接近禁带的中间位置，且其能量最低的激发态位于基态之上约 1.673eV(741nm)处，这就是著名的 GR1 光学中心，在电子辐照后的金刚石试样中普遍存在[27-32]。

当然，还存在一种带负电的空位(negative vacancy)V^-，它是在中性空位的基础上额外束缚了一个电子，见图2-7(b)，同样具有正四面体对称结构，但这个空位是由五个电子组成的，这就是著名的 ND1 (negative defect one)光学中心[33, 34]。吸收光谱研究发现，它的激发态位于基态之上约 3.149eV(393.5nm)处[35]；ND1 光学中心的激发态位于金刚石导带中，当负电荷跃迁到激发态时，就被离子化了，负电荷空位被临时地转化为中性空位。

尽管目前有一些关于金刚石中正电荷空位(positive vacancy)V^+的报道，并推测出这种空位可能存在的结构，但仍然缺乏有力的证据[34, 36]。

2. 间隙原子

当碳原子离开原来的位置后，到达晶格的其他位置，通过挤压及重组的方式尽可能地与新的位置进行匹配，如果它们的位置没有位于晶体正常的点阵，就形成了间隙原子。

金刚石晶胞中只有碳原子,所以它的本征间隙原子只有间隙碳原子一种。尽管 Davies 等利用 EPR 光谱已经研究了这种缺陷,并命名为 R2 光学中心[37,38],但利用 PL 光谱及吸收光谱却很难解释。R2 光学中心被认为最可能是一个位于[100]晶向上的间隙原子对引起的,就好像原来一个碳原子突然分裂为两个碳原子,可记为[100]分裂间隙原子[30,38,39],如图 2-8 所示。

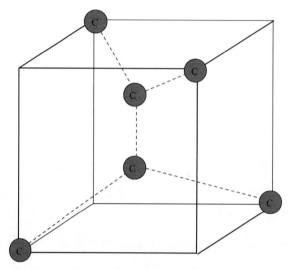

图 2-8　金刚石[100]分裂的间隙原子

相邻晶胞中的间隙原子可以形成双原子团、三原子团及多原子团,这种现象在金刚石中也是经常可以发现的,这种团聚的间隙原子分别记作 Di-Interstitials、Tri-Interstitials 等。当然间隙原子也可以与空位、杂质原子等结合,从而形成更多种类的点缺陷。

2.3.2　杂质缺陷

金刚石中存在的杂质原子,形成了一系列新的点缺陷,即杂质缺陷(impurity defect)。以氮掺杂金刚石为例,最简单的就是氮原子取代晶格中碳原子的位置,称作取代氮原子(substitutional nitrogen atom, N_s),它存在中性与正电两种电荷状态,分别记作 N_s^0 与 N_s^+,这主要取决于它们是否被离子化,是否失去施主电子。利用光导法测量发现中性 N_s^0 的基态位于导带之下约 1.7eV 处[10],由 EPR 光谱可以测得金刚石试样中 N_s^0 的含量及所处的能级状态,虽然这种技术的灵敏度不高,详细内容见文献[40]。

不管是 CVD 法，还是 HTHP 法合成的金刚石中，都存在许多 N_S 且经常位于空位所在的晶胞中，这样形成了著名的氮-空位复合中心（nitrogen-vacancy complexes, NV 中心），它存在中性及负电荷两种电荷状态，分别记作 NV^0 与 NV^-，见图 2-9。

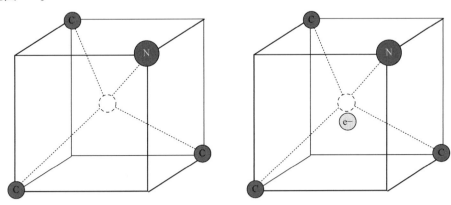

图 2-9　中性 NV^0 中心与负电荷 NV^- 中心

在 NV^0 中心基础上束缚一个电子就形成了 NV^- 中心，PL 光谱[34]及吸收光谱[41]研究发现，NV^0 与 NV^- 这两种缺陷中心的第一激发态分别位于各自基态之上约 2.156eV（575nm）及 1.946eV（637nm）处。同样文献[34]研究发现 NV^- 中心的强度随着激光能量的增加（在 2.583eV 之上时）而大幅度降低，这是因为高能量测试时，NV^- 中心的负电荷被离子化，NV^- 中心临时地转换为 NV^0 中心，所以认为 NV^- 中心的基态位于金刚石导带之下约 2.583eV 处。

氮掺杂金刚石中 NV 中心的强度很高，但电子辐照后强度降低，这主要是由两方面因素引起的：一是电子辐照形成的间隙原子填充了 NV 中心的空位；二是新产生的缺陷中心与 NV 中心竞争激光的激发。其中一些中心是杂质原子束缚间隙原子形成的，一个典型的例子就是 3.188eV（389nm）中心，其被认为是间隙碳原子与氮原子复合而形成的[42]。

金刚石中氮原子的团聚需要在 1500K 以上的温度才能发生，而 CVD 的沉积温度一般为 1000～1400K，因此制得的 CVD 金刚石中氮原子都是以孤立的 N_S 或 NV 形式存在的。而对于 HTHP 和天然金刚石来说，其合成温度足以发生氮原子的团聚，最常见的光学中心就是 H3 中心，它位于基态之上约 2.464eV（503.2nm）处，结构为 NVN，呈哑铃状[43]。

此外，还有 N3 光学中心，它是由三个取代氮原子连接在一个空位上引起的，其激发态位于基态之上约 2.983eV 处（415.6nm）[44, 45]。图 2-10 是电子辐照金刚石中一些主要的光学中心的能级分布。

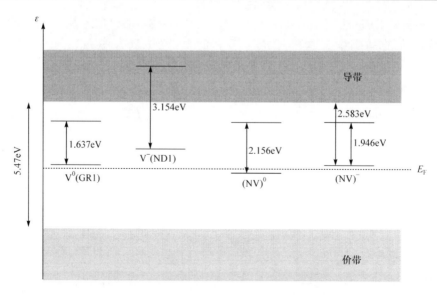

图 2-10　金刚石中一些主要点缺陷的基态与激发态

2.3.3　热激活能

每一个点缺陷，都有各自的热激活能，它是指使缺陷在晶格内可以移动所需要的能量。金刚石中点缺陷克服势垒后可移动的位移很小，低于 $1\mu m$；之前的研究发现间隙原子扩散的位移只有 $0.2\mu m$[46]；文献[29]研究证明间隙原子的激活能最小，约为 1.6eV，而空位的激活能约为 2.3eV。

退火可以使金刚石中的一些光学中心发生位移，也可以使之发生破坏、消失或形成新的光学中心。因此为了使晶格内的缺陷能够移动，首先必须克服活化势垒或位移能 E_D，而退火温度与位移能 E_D 的关系为

$$\mu = \nu \exp \frac{-E_D}{k_B T} \tag{2-26}$$

式(2-26)的物理意义是指缺陷越过位移势垒，迁移至邻近晶格的概率。一般对于金刚石来说，间隙原子在 200～400℃就可以移动，而空位需要到达 650℃以上才可以自由移动。

2.4　光致发光与光学跃迁

2.4.1　光致发光

当 PL 技术的激光束照射到试样上时，就会被晶格所吸收，从而使电子跃迁

至激发态，当处于激发态的电子再跃迁回释放态时，就会发光。近紫外至近红外区的辐射跃迁都可由低温 PL 光谱进行检测；光学吸收使电子由基态跃迁至激发态，由于声子的动量与晶体相比很小，吸收过程实际上就是储存电子的动量。根据 Lambert 定理可知：

$$I = I_0 \exp(-\alpha x) \tag{2-27}$$

其中，I_0 为激光强度；I 为试样 x 深度处的强度；α 是光吸收常数。光吸收常数随着光频率的不同而不同，Pankove[47]研究发现它们之间的关系为

$$\alpha(\hbar\omega) = A^*(\hbar\omega - E_g)^{\frac{1}{2}} \tag{2-28}$$

其中

$$A^* \approx \frac{e^2 \left(2 \dfrac{m_h^* m_e^*}{m_h^* + m_e^*}\right)^{\frac{3}{2}}}{nch^2 m_e^*} \tag{2-29}$$

其中，n 为折射率；m_e^* 与 m_h^* 分别为电子与空穴的有效质量；h 为普朗克常量；c 为光速；e 为电子电量。

实际上，实验中用的激光能量都要低于金刚石的禁带宽度，这就意味着除非禁带中存在其他缺陷能级，否则光不会被吸收。

2.4.2 辐射跃迁

当位于激发态的电子回到释放态时，会发生无辐射跃迁(由多声子发光、表面复合或俄歇电子引起的)或辐射跃迁(单声子发光)，PL 技术可以收集激光照射后产生辐射跃迁时所释放的声子。半导体中辐射载流子复合主要包括本征复合(intrinsic recombination)与非本征复合(extrinsic recombination)两种。本征复合主要指在超纯的晶体中，电子-空穴对的复合，而非本征复合主要是由晶格内存在的杂质引起的，如施主或受主原子。当然，每种复合不仅涉及电子跃迁，还伴随着一个或多个声子的振动跃迁。

1) 本征复合

利用 PL 光谱可以观察到稍微低于禁带宽度的缺陷能级，它们是由电子-空穴对的复合产生的。电子与空穴通过库仑引力结合在一起，形成电子-空穴对即激子(exciton)，同样电子也可以与 H 质子结合在一起。

由于激子结合能较低，激子只有在低温时才稳定存在。它主要包括两种：一种是 Frenkel 激子，空间分布很小，库仑引力较强，主要存在于离子晶体中；另一种是 Wannier 激子，它的电子与空穴分布在较大的空间范围内，库仑束缚较弱，电子受到的是平均晶格势与空穴的库仑静电势，主要存在于半导体中。

利用氢电势理论，可以推出激子的能级与价带顶的关系：

$$(E_x)_n = E_g - \frac{m^* e^4}{2\hbar^2 \varepsilon^2 n^2} \qquad (2\text{-}30)$$

其中，$(E_x)_n$ 为第 n 能级的能量；E_g 为禁带宽度；ε 为介电常数；m^* 为约化质量，它可由式(2-31)计算：

$$\frac{1}{m^*} = \frac{1}{m_e} + \frac{1}{m_h} \qquad (2\text{-}31)$$

其中，m_e 与 m_h 分别为电子与空穴的有效质量。

2) 非本征复合

由于存在许多不同的复合中心，像杂质（包括施主与受主）、本征缺陷（空位与间隙原子），它们的基态位于禁带的深能级，故可以发生非本征复合。图 2-11 是金刚石中各种非本征复合的能级分布图。

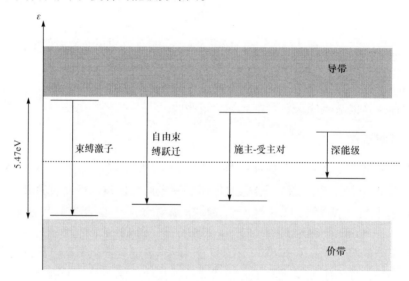

图 2-11　金刚石中各种非本征复合的能级分布图

(1) 束缚激子(bound exciton)：它出现在晶格内的杂质原子处，最常见的是施主原子，因为它们额外的电子吸引激子中的空穴。激子的束缚能为

$$\hbar\omega = E_g - E_{ex} - E_b \qquad (2\text{-}32)$$

其中，E_b 为激子与杂质的结合能，一般都很小。对于浅能级的施主来说，复合过程会产生非常尖锐的发光峰。复合时产生的能量再被杂质原子吸收，跃迁至激发态，这个过程称为双电子跃迁。

(2) 自由束缚跃迁(free to bound transitions)：假如晶体内存在施主或受主原子，

那么就有可能观察到自由束缚跃迁。电子可以由导带传递给受主原子，或者由施主原子传递给价带，其复合能很高，接近于禁带宽度。

(3) 施主-受主对(donor-acceptor pairs)：这种发光形式的关键就是晶格内必须存在施主原子与受主原子，并以库仑力相互作用。当电子由施主原子传递给受主原子时，即发生复合。对于浅能级的施主与受主来说，复合能接近于禁带宽度。

(4) 深能级(deep level)：它是指缺陷的基态离价带与导带都很远，约在禁带中间附近。电子辐照金刚石后的缺陷大部分都位于深能级，如中性空位 GR1 中心、负电荷空位 ND1 中心以及 NV 中心。利用吸收光谱及 PL 光谱可以观察到金刚石中深能级辐射跃迁对应的非常尖锐的发光峰。

辐射跃迁经常伴随着一个或多个声子的释放。声子耦合的方式有两种：一种是激发后产生晶格振动，这需要之前晶格内必须储存动量；另一种位于缺陷附近。缺陷复合一般都伴随着两个声子和电子-声子耦合。一般来说，缺陷基态位于禁带越深，其电子-声子耦合越强。中性空位 GR1 位于禁带的中间附近，因此存在着很强的电子-声子耦合，同样 NV 中心也是如此。

2.4.3 Huang-Rhys 因子

考虑到电子与声子间的相互作用(电子-声子耦合)，引入 Huang-Rhys 参量 S 来表征电子-声子耦合的程度大小。以两个态为例，图 2-12 是基态 E_1 与激发态 E_2 的能带结构，每个态都含有一系列的振动能级，连续能级间的能差为 $\hbar\omega$。文献[48]指出在接近 0K 时，只有最低处 $n=0$ 的振动态，那么电子跃迁至激发态的第 m 能级的概率为

$$W = \frac{S^m e^{-S}}{m!} \tag{2-33}$$

由基态 $n=0$ 跃迁至激发态概率最大的就是垂直跃迁(或称直接跃迁)，这种跃迁方式的波矢没有改变，没有声子参与，这说明激光激发后并没有动量传递给晶体。低温时，由 $n=0$ 的能级 A 处跃迁的途径有很多，假设电子吸收一个声子，跃迁至能级 B 处，吸收能为 E_{abs}。而由激发态无辐射衰减至能级 C 时释放 S 个声子的能差 $S\hbar\omega$。由能级 C 到能级 D 释放一个声子，能量为 E_{emiss}，进而无辐射衰减到能级 A 时，释放 S 个声子的能差 $S\hbar\omega$。其中，由能级 C 到能级 A 的跃迁是一种很重要的跃迁方式，它只有纯的电子跃迁，且波矢没有改变，被称为零声子跃迁，此时吸收光谱及 PL 光谱中会出现非常强且尖锐的线，被称为零声子线。零声子跃迁不仅包括零量子数时的跃迁，还包括跃迁时声子总数为零的情况，即跃迁时吸收与释放的声子数相等。因为缺少声子参与，其电子-声子耦合很弱(Huang-Rhys 参量 S 很小)，零声子线很尖锐；在较高温度或 S 较大时，零声子线

较弱。一般来说，当 S 大于 6 时，吸收光谱及 PL 光谱中就观察不到零声子线了。

同样由图 2-12 可以看出吸收能量与发射能量之间的关系：

$$E_{abs} = E_{emiss} + 2S\hbar\omega \tag{2-34}$$

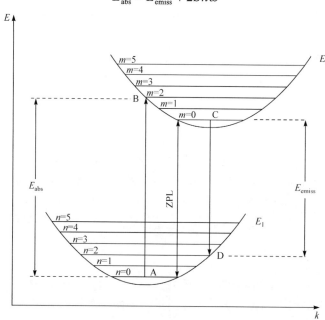

图 2-12　电子跃迁结构模型

吸收与发射之间的这个能差 $2S\hbar\omega$ 就是斯托克斯位移。由此能带模型，推测吸收光谱与 PL 光谱中的零声子线应该是对称的；如果不对称，那就是因为系统中存在非线性耦合或 Jahn-Teller 畸变，具体见 2.4.4 节。零声子线的强度可表示为

$$I_{ZPL} = I_T e^{-S} \tag{2-35}$$

其中，I_T 为跃迁的总强度。理论上，零声子线的宽度只由激发态的电子寿命决定，但实际上，晶粒内的无规则应力也会在一定程度上使零声子线变宽。

2.4.4　Jahn-Teller 效应

缺陷能够使周围的点阵发生扭曲，可以认为是此处发生了原子取代，最简单的畸变对点缺陷的对称性没有影响，但能够改变缺陷附近的波矢。另一种是点缺陷的对称性有所降低，电子与原子核相互作用的系统中，系统将通过消除退化而降低系统的能量，而退化的电子态是不稳定的，这就是 Jahn-Teller 效应[49]。

对于一维 Jahn-Teller 畸变来说，最初的能级 E_0 退化为两个不连续的能级。满足量子跃迁的选择定则后，吸收光谱中电子存在两种可能的跃迁至激发态的跃迁

方式。对于中性空位 GR1 中心来说[31]，基态($n=0$)与激发态($m=0$)最低的振动能级都发生了退化，在其 PL 光谱中可以发现两个非常尖锐的信号，它们的能量差为 80meV(分别位于 741nm 与 744.5nm 处，如图 2-13 所示)。

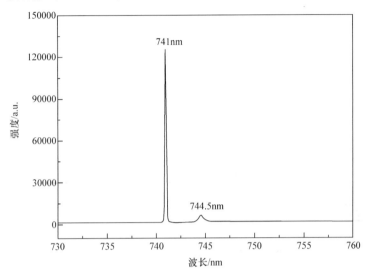

图 2-13　GR1 光学中心的 Jahn-Teller 效应

2.4.5　振动结构与局部振动模

当缺陷激发态的电子回到一个非零声子振动的释放态时，就会在 PL 光谱的零声子线后面产生许多能量稍低的振动结构。金刚石中声子的最大位移能为 165meV，然而大于此位移能时也可能存在声子振动，但此时它没有进入整个晶格而是位于局部，这就产生了局部缺陷，且仅有缺陷周围的一些原子发生振动，PL 光谱中会有强且尖锐的发光信号出现(位于离开零声子线 165meV 以外)，被称为局部振动模(local vibronic mode, LVM)。

局部振动模主要依赖于金刚石晶格内点缺陷的恢复力与质量，利用简谐波理论可以计算得到点缺陷的振动频率：

$$\omega = \sqrt{k/m} \tag{2-36}$$

其中，m 为原子质量；k 为波矢常数。由此式可知，用一个氮原子取代一个碳原子，或者填进一个碳原子(间隙原子)，k/m 这个比值会发生改变，进而相应的振动频率也会发生变化。通过观察零声子线后面的振动结构，可以推断该缺陷中心的种类；比较局部振动模的实验值与理论计算值，可以推测出缺陷的结构。一般来说，金刚石中间隙原子相关的光学中心在 165meV 之外都伴随有尖锐且强度高的局部振动模出现，而空位的柔韧系数很大，振动耦合很强，在其对应的零声子线后面会伴随着宽且强度高的声子边带。

2.5 外加场的作用

将材料置于外部场中，可以改变材料整体的性能。更具体地说，是通过一些方式来改变缺陷的性能，然后进一步研究这些缺陷，即利用缺陷在电场、磁场、应力场中的响应来研究材料的性质，如缺陷的对称性、电子晶格之间的作用以及缺陷的电荷状态等。外加场强后，经常会使光学中心发生分裂或偏移。分裂的数量、强度、极化及外场方向都可用来确定缺陷的对称性。

1. 电场

电场对材料的缺陷主要有三种作用：第一种就是改变缺陷的能级，引起缺陷电子电偶极矩与电场相互作用的 Stark 效应。第二种效应是电场与缺陷的波函数作用，引起波函数的改变（该效应可由自旋-共旋研究得到）。第三种是电场使缺陷结构具有各向异性，从而使得缺陷的性能也具有各向异性。

2. 磁场

磁场可以引起能级的分裂，且磁场中的 Zee-man 效应类似于电场中的 Stark 效应。磁场通过改变原子系统的自旋轨道耦合来影响缺陷的性质，这样就导致轨道简并态和自旋简并态的分裂。磁回旋技术经常被用于材料缺陷的研究，最常见的是电子顺磁共振技术，其经常用来测量金刚石中性取代氮原子 N_S^0 的浓度，当然也可由 EPR 光谱研究金刚石的缺陷中心。

3. 应力场

当在材料的缺陷处加载某一方向的应力时，会改变缺陷的电子跃迁，经常观察到的就是光学中心的分裂与偏移，从而可以知道缺陷的电子晶格耦合程度及缺陷的对称性。本研究中，某些金刚石试样中仍存在较强的局部应力，而空位的柔韧系数较大，故可以观察到其对应的光学中心发生分裂。

第 3 章 金刚石辐照缺陷引入与表征

3.1 金刚石试样的制备

本书研究的金刚石试样主要是通过 HTHP 法和 CVD 法合成的，当然也涉及一些天然金刚石。HTHP 金刚石，主要来源有：一是 De Beers、Element Six、Diamond Trading Company(伦敦)生产的不同氮含量的金刚石及硼掺杂的金刚石；二是由郑州中南杰特超硬材料有限公司提供的，以镍钴合金为触媒合成的高氮金刚石。CVD 金刚石是由 De Beers、Element Six 及 University of Bristol 化学系金刚石研究组提供的Ⅱa 型金刚石，其 PL 光谱中只有 Raman 峰。除此之外，还有 GE 公司提供的含 ^{12}C 与 ^{13}C 各 50%的金刚石，De Beers 公司提供的天然Ⅱa 型金刚石及 ^{15}N、^{11}B 掺杂的金刚石。金刚石试样都经过激光切割机加工成规则的形状(图 3-1)，这样比较容易被固定在 TEM 上。

图 3-1 被激光切割后的金刚石试样

这里研究的金刚石试样双面都被抛光后得到一个非常平整的表面，这样可以防止激光束在试样表面发生散射，影响发射出来的光信号。而且这点对线扫描光谱来说也是非常重要的，因为这样可以确保光学中心的强度变化是由缺陷浓度引起的，而不是由入射光的散射造成的。剖光后的试样在光学显微镜下观察一般都非常平整，在试样上短距离的线扫描光谱强度变化不大。对于部分块状不规则HTHP金刚石来说，很难直接固定在TEM的铜槽中，需要将其用银胶粘在薄镍片或铜片上，通过固定金属片进而固定试样，如图3-2所示。

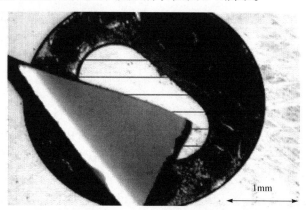

图3-2　固定试样的薄镍片

3.2　透射电子显微镜

电子辐照是由Philips EM430 TEM完成的，它是由钨灯丝发射的电子进行工作的。在TEM中附加了一个带有磁场的弯曲光路，只允许电子通过，从而成功地除去了粒子束中电子以外的其他杂质，使作用于试样的粒子只有电子。

该TEM能够很好地控制辐照的电子束，一般辐照电子束的直径都设为约100μm，能量可以由TEM上的HT setting旋钮进行改变，范围为50～300keV，调节幅度为1keV。设置好电子能量后，选择发射电流设置，0、1、2、3分别对应于HT显示的电流值，不同HT setting对应的电子束电流见表3-1。

表3-1　不同HT setting对应的电子束电流

HT/keV	发射电流总量/μA	漏电电流/μA	发射电流设置	成像电流总量/nA	最小成像电流/nA
300	19	13	0	475	10
	26	18	1	786	26
	42	26	2	1263	74
	70	40	3	1766	139
250	13	8	0	390	9
	20	12	1	634	19
	32	18	2	1019	38
	56	32	3	1441	127

续表

HT/keV	发射电流总量/μA	漏电流/μA	发射电流设置	成像电流总量/nA	最小成像电流/nA
200	9	5	0	292	2
	14	7	1	498	4
	24	12	2	812	23
	42	22	3	1186	94
150	6	3	0	130	7
	9	6	1	221	56
	16	12	2	371	109
	30	22	3	555	154
100	3	2	0	71	11
	6	5	1	128	13
	11	8	2	220	33
	20	3	3	344	62

TEM 经常用来研究高放大倍数的薄膜试样，高能电子通过透镜可以将试样放大成像或得到衍射花样。当然，TEM 也是研究晶体缺陷的一种有效手段，如晶界、位错、空位等。在这里，我们用它提供高能电子束，从而在金刚石的某一选定区域内引入点缺陷。晶体的厚度一般都大于电子可以穿过的厚度，这样在电镜下只能观察到边界的阴影，要想在试样中间部位进行辐照，只能通过调节 TEM 上的 X 与 Y 进给量来选择辐照区域。

电子辐照经常在 300keV 下进行，辐照剂量一般选 $10^{18} \sim 10^{21} \text{e} \cdot \text{cm}^{-2}$，由 2.2.3 节可以知道，300keV 入射电子能够渗透 250μm。当然，部分试样的电子辐照是在美国劳伦斯伯克利国家实验室(Berkeley National Center for Electron Microscopy of California)完成的，辐照电压可高达 800kV。另外，大部分试样都是在室温下进行电子辐照的，个别试样是在液氦或液氮温度下进行的。

3.3 低温 PL 光谱及 Raman 光谱

本书采用低温 PL 光谱与 Raman 光谱表征金刚石辐照缺陷，这两种光谱都是采用 Renishaw 激光共聚焦显微 Raman 光谱仪获得的，而且在操作过程中可随时切换模式来获得两种光谱。

PL 光谱是一种研究材料缺陷的重要工具，它选用的激光能量相对较低，不会对材料表面及整体产生损伤，它具有对缺陷敏感而对材料无损伤的优点。这项技术的原理就是相应的光源(激光)使得位于基态的缺陷电子跃迁至激发态，再由激发态跃迁回释放态时，出现发光或散射，而分光计及时有效地收集这些信号，被以光谱的形式显示出来。

作为一种无损的显微技术，它可以利用高聚焦的激光对晶体选定区域内非常小的点、线或者面进行探测。将试样置于高分辨率的光学显微镜的测试台上(X-Y方向的分辨率为1μm)，经线扫描或面扫描就可以得到试样空间分布的光谱信息。激光斑点的大小，一般为2～5μm，为固定参数。

3.3.1 低温冷却

PL技术的低温是通过在共聚焦显微镜下加载Oxford液氦冷却台实现的。首先用银胶将试样粘在铜板上，然后将其密封在一个可抽真空的小装置中，利用持续流动的液氦来保持低温。这套仪器是由Oxford Instruments公司生产的"Microstat^{He}"仪器的一部分。

在通液氦冷却前，一定要先抽真空，这样可以防止管中水蒸气遇冷结冰，堵塞管道。真空是由BOC Edwards生产的旋转泵获得的，其真空度可达到10^{-3}torr，这对于一般某一固定低温的测试来说是足够的。当然有时候，我们也想测量不同温度下的PL光谱，这就需要更好的真空度。这种情况下，使用BOC Edwards生产的扩散泵可以满足要求，其真空度可达到10^{-6}torr。

液氦通过Oxford Instruments GFS 600导出管从钢瓶中引出，该管外边有一真空层，这样可以防止管中液氦受周围环境的影响。利用康普顿隔膜泵来进行试样样品台装置与液氦的热交换。导出管底部的小孔沉浸在液氦中，康普顿隔膜泵将液氦从这个小孔中导出，然后沿着管道到达样品台进行热交换。

系统中液氦的流速可以由Oxford Instruments VC30气体流动控制器控制，它主要包括一个流动表和一个压力表。压力值是指液氦经热交换后离开系统时的压力，最终这些气体回到学院的氦气回收中心。

样品台是通过液氦流动冷却的，其温度可由Oxford Instruments ITC4温度控制器(temperature control unit, TCU)来调节，它测量的是固定试样处的温度。通过调节TCU上的气流增减、升温与降温按钮，以及钢瓶上的气流旋钮，可测量试样不同温度下的PL光谱，理论上可低至3.8K，高达500K。

3.3.2 Renishaw激光共聚焦显微Raman光谱仪

本实验中的PL光谱与Raman光谱是由Renishaw激光共聚焦显微Raman光谱仪2000系列得到的，主要使用的激光器有两台：一台是IK series He-Cd NUV Class 3B(325nm)激光源；另一台是Ar$^+$ Spectra Physics 2000 series Class 3B激光源，其波长可选为457.9nm、488nm与514.5nm。这两种分光计的构造非常类似，只是一些光学元件只对应各自的系统，如平面镜、凸透镜及滤光片等，这主要取决于所需要的激发光波长,且这些光路都在一个封闭的盒子里面进行。图 3-3 是该 Raman 光谱仪的主要构造。

图 3-3　Renishaw 激光共聚焦显微 Raman 光谱仪的主要构造(见彩图)

激光由分光计箱子内右部底端处进入,经光束扩展器校准后,再通过等离子滤光片滤去激光中的等离子杂质,然后经反射到达显微镜。通过调节滤光片转盘,可以选择用激光或白光来探测试样的表面。利用 WiRE™(Windows-based Raman environment)软件(详细内容见 3.5 节)不仅可以得到试样表面的显微照片(由显微镜顶部的相机 Pulnix/TMC-312 得到),还可以得到表面选定点或区域的 PL 光谱。

散射光与发射光被散射系统收集,通过物镜,沿着前面的光路返回,当到达槽口滤光片处,瑞利散射光被滤去,而其他波长的光通过,并聚焦在一条狭缝上。接着,光通过一个三棱镜被反射到衍射光栅上,进而聚焦于电荷耦合器(charge coupled device,CCD)上。CCD 是用来探测光强度的,通过调节衍射光栅可以使不同波长的光以不同的角度到达 CCD,因此校正所选激光的波长对实验结果来说是至关重要的。

3.4　激光共聚焦显微 Raman 光谱仪的校正

激光共聚焦显微 Raman 光谱仪的校正是非常重要的,它直接影响光谱的有效性与精确度。对于我们使用的光谱仪来说,主要是对光谱的 X 轴与 Y 轴进行校正,一般来说,X 轴代表波长、能量等,校正是为了获得光学中心的精确位置;Y 轴代表的是强度,校正是为了使不同频率的光能够进行比较。

3.5 WiRE™ 软件

通过 Renishaw 开发的 WiRE™ 软件可以实现激光共聚焦显微 Raman 光谱仪的许多功能，研究中用到的两台激光器都是采用此软件，下面将详细地叙述该软件的主要操作。

3.5.1 软件的设置

通过 WiRE™ 软件主要是使光线聚焦于试样表面，并选择试样的研究区域，这点可以通过移动鼠标和显微镜的控制杆，或者改变计算机的 X-Y 坐标来实现。

鼠标在试样上右击，就可以移动十字叉，即可用来选择想要测试的点，当然也可以通过改变测试点的坐标来实现。利用白光照射时，可以观察到试样表面的显微照片；改为激光照射时就可以获取该点的 PL 光谱。

当然，我们还可以选择连续任意的测试点，也可以对试样继续线扫描或面扫描，详细内容见 3.5.3 节。选择好研究的点或区域后，接下来就是扫描参数的设置，图 3-4 是 WiRE™ 软件设置窗口。首先在(1)的下拉菜单中选择扫描方式，Static 得到的是某一峰附近小范围的光谱，Extended 得到的是宽范围的光谱，详细介绍见 3.5.2 节；当选择 Static 扫描时，只需要通过(2)设定想要研究的峰的位置，系统会自动确定含有该峰的 20nm 的扫描范围，若选择的是 Extended，需要设置始末点，光谱 X 轴的单位，可以选 nm、cm^{-1}、eV 等；(3)是扫描的时间；(4)是扫描累积的次数；(5)是所用的激光源；通过(6)可以改变激光功率，在其下拉菜单中可以选择 1、10、25、50、100 等；(7)是所用的光栅，一般 Ar^+ 激光源的

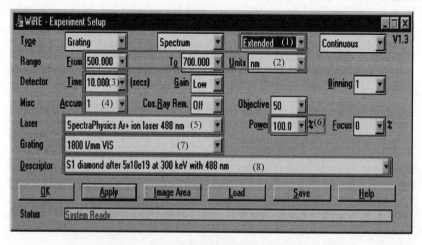

图 3-4　WiRE™ 软件的光谱参数设置窗口

光栅是 1800I/mm VIS，而 UV 激光源的光栅是 2400I/mm UV；(8)是待测试样的描述。

3.5.2 光谱的采集

光谱仪存在 Static 与 Extended 两种光谱采集方式。

(1) Static 扫描。它是设定要研究的光学中心，然后进行的扫描。这种扫描波长约为 20nm，是系统设置的，一般不改变，如设置研究的光学中心为 570nm，那么就得到了一个 560～580nm 范围的 PL 光谱。这种扫描最大的优点就是扫描时间短，易于实现很多点的线扫描或面扫描。

(2) Extended 扫描。要想获得宽范围的光谱，那么就需要用到 Extended 扫描。这里有两种方式得到宽光谱：第一种是简单的多步扫描，利用 Static 扫描法，每次扫描 20nm，多步完成。例如，想获得 550～590nm 光谱，可按照 550～570nm，然后再到 590nm，两步完成扫描。这种方法的缺点就在于每个独立存在的 Static 光谱的系统误差不同，这导致得到的光谱不连续。第二种就是连续扫描，这是本书中主要采用的方法，但这种方法的缺点之一就是扫描时间较长。

3.5.3 线扫描与面扫描

PL 技术是表征缺陷的一种重要手段，它的优点之一就是可以对试样上某一固定区域进行连续扫描，且对材料无损伤。空间分布是研究 PL 光谱中光学中心的一种非常有效的方法，穿过辐照区域获得光谱有两种方法：线扫描与面扫描。图 3-5 给出了两种扫描方式的形象图解。

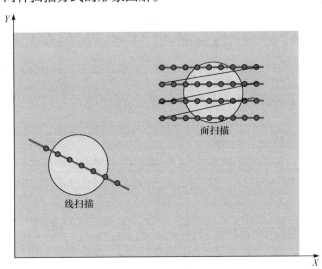

图 3-5　两种不同的扫描方式

首先，在选定试样的研究区域前，要保证系统比较稳定，试样在液氦中没有"漂移"。然后，选定研究的相关点，就可以进行线扫描或面扫描。

线扫描时可以通过设定起始点和结束点的坐标，及测试点之间的距离来实现（间距经常为 5~25μm）。面扫描的原理与线扫描类似，也可以通过设置起始点和结束点来进行，它们之间的主要区别就在于面扫描是沿着两个方向进行的，是二维的，需要设置 X、Y 两个方向扫描点的间距。当然还可以通过观察显微窗口中试样的表面形貌，并在上面进行任意的线扫描或面扫描。

线扫描和面扫描给我们提供了更多的试样信息。扫描区域一般都要延伸出辐照区域很多微米，这样可以用来研究光学中心的迁移情况。

3.5.4 曲线的拟合

收集一系列光谱数据后，我们需要利用 WiRE™ 软件进行精确地分析。引入许多函数来与光谱的发光峰进行拟合，以获得更多的信息，如发光峰的位置、强度、面积及半高宽，这种方法对分析某一发光峰的变化很有帮助。图 3-6 是金刚石中 NV⁻ 中心的拟合曲线，从而得出该峰的一些参数，如峰位为 637.26、高度为 921.16、面积为 1115.7、半高宽为 1.1379。

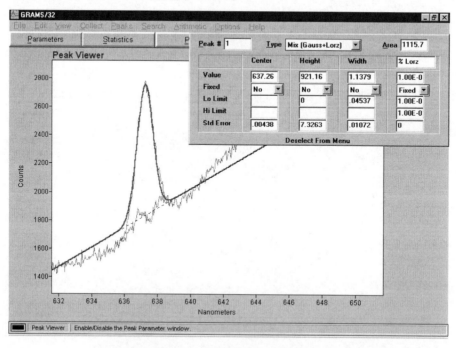

图 3-6　光谱中发光峰的高斯-洛伦兹曲线拟合

对于一个发光峰来说，有时是多个光学中心叠加得到，因此这就需要将其分解为几个高斯-洛伦兹曲线组合，使它的拟合误差最小，这样就可以获得各个光学中心的一系列参数。

3.6 退　　火

退火是在英国 LinkamTS1200 冷热台中进行的，如图 3-7 所示。退火温度允许高达 1200℃，精确度为 1℃以下。当温度高于 300℃时，需要开启循环水。

(a)

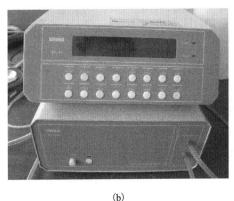
(b)

图 3-7　退火仪器的照片

首先在舱底放置 Al_2O_3 的垫片；其次将金刚石试样置于上面，环绕的耐火棉是为了减少周围环境对舱体温度的影响；再次拧紧密封盖，加热之前先用氩气将舱内空气排净；最后设置升温速率、退火温度及保温时间，每次退火时间均设为 30min。退火过程中，保持持续流动的氩气氛围。该设备的优点就在于升降温时间极短，升温速度可设为 50℃/min，由 1000℃降至室温只需要不到 20min，而其他气氛电炉升温速度一般不高于 20℃/min，降温时间需要几小时。

此外，该装置还配有显微窗口，可用于研究试样在较高温度（如 600℃等）下的 Raman 光谱，但由于金刚石在高温时 PL 光谱中的光学中心减弱、加宽，甚至消失，本书不涉及较高温度下的 PL 光谱。

第4章　Ⅱa型金刚石辐照缺陷的光致发光与光致变色

4.1　引　　言

研究金刚石的光学中心，最理想的当然是从超纯的金刚石开始，因为它们的氮含量都低于1ppm。PL光谱中除了非常尖锐的Raman峰外，不存在其他杂质相关的光学中心。经电子辐照后，晶体中会形成大量的间隙原子及空位，在低温PL光谱中会以尖锐、清晰的零声子线信号反映出来。

缺陷发光主要依赖于费米能级在禁带中的位置，纯净金刚石的费米能级非常接近于禁带中间位置。而GR1中心(认为是由中性空位V^0引起的)的基态位于禁带中间位置附近，因此辐照产生的大部分空位都是中性的，而不是带电荷的空位[27]。辐照区域中不同点处的光学中心强度是不同的，因此仅仅考虑某一点处的PL光谱是没有意义的，幸运的是存在一种非常有效的研究手段就是空间分布，利用面扫描光谱来研究光学中心的性质。

本章研究Ⅱa型金刚石辐照缺陷的光致发光与光致变色，主要是继续Wotherspoon[40]和Davis[50]的研究，在辨认Ⅱa型金刚石中的一系列零声子线基础上，研究这些光学中心的性质。研究涉及的金刚石试样主要有四个，且每个试样上面均有多个辐照区域。其中一个试样是在不同辐照电子剂量速率下进行辐照的，记作试样D。图4-1为试样D的光学显微镜照片。

图4-1标出的7个辐照区域，由A到G，它们的辐照电子剂量与辐照电压都是相同的，均为$5\times10^{19}\text{e}\cdot\text{cm}^{-2}$与300kV。但由于辐照电子速率不同，使其辐照区域半径也不同。其中D与G处速率最快，半径最小($\sim20\mu\text{m}$)，而A处辐照电子速率最慢，半径最大($\sim200\mu\text{m}$)。

由于辐照过程中，TEM有时会自动断掉，需要启动后继续辐照，这造成辐照的电子速率不一致，其中辐照区域C、E就属于这种情况。因此，我们主要研究试样上辐照区域A、B、D、F、G的PL光谱。

为了在金刚石中引入点缺陷，辐照能量必须大于碳原子的位移阈能。它是指一个碳原子断开C—C键，沿着最短的路程达到最邻近的、稳定的间隙位置所需要的能量。利用TEM进行电子辐照，其辐照电压最大为300kV，为了研究更高电压辐照所形成的缺陷,部分试样在美国劳伦斯伯克利国家实验室进行电子辐照,辐照电压可高达 800kV。图 4-2 是其中一个天然 IIa 型金刚石的光学显微镜的照片,图中标出两个辐照区域,对应着 800kV 下高剂量与低剂量电子辐照。

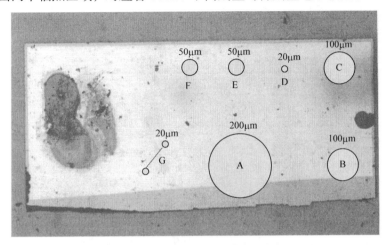

图 4-1 试样 D 的光学显微镜照片

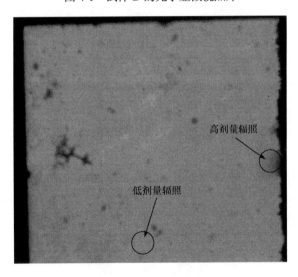

图 4-2 天然 IIa 型试样的光学显微镜照片

第三个超纯试样是用来研究光学中心沿深度方向的分布情况(mapping depth),记作试样 M;另外还有一个非常重要的试样,它是由 GE 公司提供的同位素掺杂试样,^{12}C 与 ^{13}C 约各占 50% 的金刚石,用以验证光学中心的结构模型,记作试样 GE。当然,实验中还涉及其他许多相关的金刚石试样。

4.2 光 学 中 心

辐照区域在光学显微镜下一般是看不出来的(除非辐照电压与电子剂量都特别高),这就要求我们首先按照 2.2.5 节所述方法,两次线扫描或直接进行面扫描,通过观察 GR1 中心的分布找到各个辐照区域(当然对于Ⅱa 型金刚石来说,还可以观察其他的光学中心)。图 4-3 为 GR1 中心的分布情况,根据 GR1 中心的分布,

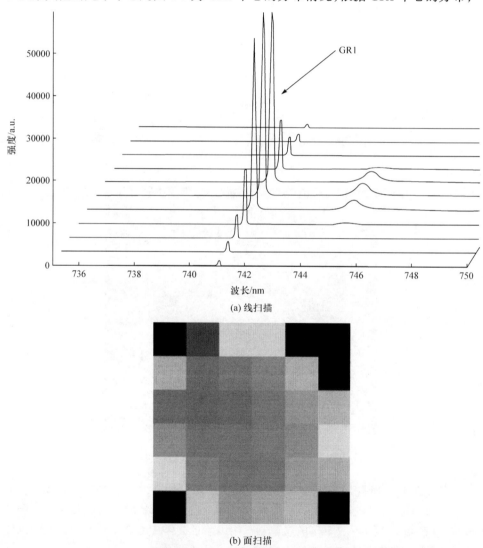

(a) 线扫描

(b) 面扫描

图 4-3 GR1 中心的分布情况

可以确定辐照中心的位置。面扫描光谱中采用颜色代表强度高低，红色代表强度最高，黑色代表强度最低。

图 4-4 是电子辐照Ⅱa型金刚石在 488nm 激光激发、温度为 7K 时一个典型的 PL 光谱。为了较为清晰地观察其结构，将 500~510nm 范围光谱扩大 10 倍，510~600nm 范围内光谱扩大 5 倍。由图可以观察到尖锐且强度很高的 GR1 中心及 580nm 中心，以及强度稍弱的 3H 中心与 533.5nm 中心。

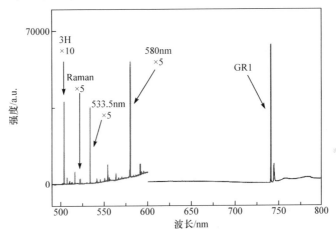

图 4-4 电子辐照Ⅱa型金刚石在 488nm 激光激发 7K 时的一个典型的 PL 光谱

除此之外，500~600nm 范围内还存在着丰富的、强度较弱的零声子线与局部振动模，且大部分都是本征间隙原子相关的。将 500~600nm 范围内的光谱分割成 4 段，这样可以更为清晰地观察到其细节结构，见图 4-5。

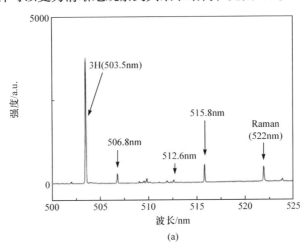

(a)

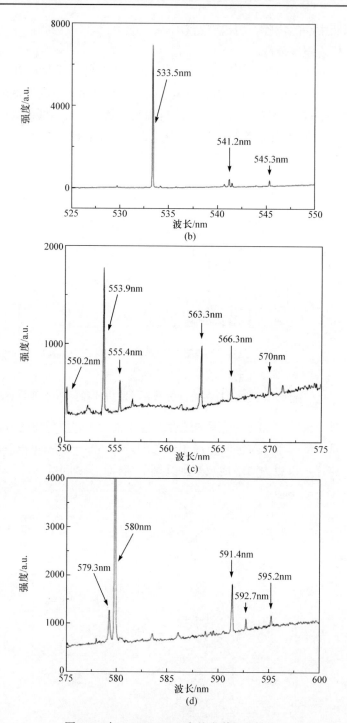

图 4-5 在 500~600nm 内的光谱细节结构

4.2.1 Raman 峰

图 4-5(a)中 522nm 处线为第一序 Raman 峰,因为它与激光线之间的距离是一个常数 165meV,若所用激发波长为 488nm(2.540eV),Raman 线位于 522nm(2.375eV)处;若选 325nm(3.815eV)紫外激光激发,其 Raman 线应位于 340nm(3.650eV)处。因此 Raman 峰的位置主要与所使用的激发波长有关,而其强度及半高宽与激光的功率、金刚石的品质有关。在后面提到的激光功率,都是以 Raman 峰强度来表示的。图 4-6 是电子辐照 Ⅱa 型金刚石在 488nm 激光激发、温度为 7K 时的一个线扫描图谱,从图中可观察到辐照区域内外都存在 Raman 峰,且辐照对 Raman 峰影响不明显。

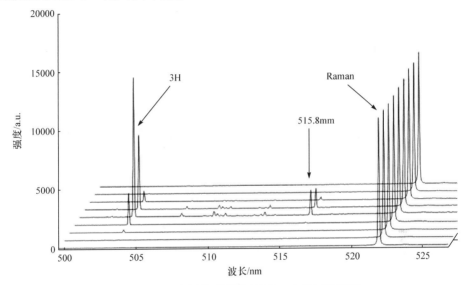

图 4-6 Ⅱa 型金刚石辐照区域的一个线扫描光谱

4.2.2 3H 中心

3H 中心位于 503.5nm(2.462eV)处。在几乎所有电子辐照金刚石的 PL 光谱及吸收光谱中都可以观察到[49,51],最初 Walker 认为它是由一个连接着氧原子的空位引起的[52],但近来大多研究认为它是由两个邻近的间隙碳原子组成的[21],且有四个很强的局部振动模(图 4-7 是 3H 中心的振动光谱),分别位于 540.8nm、543.8nm、544.9nm 及 552.5nm 处(离开零声子线分别为 169.3meV、182.4meV、186.7meV 及 217.8meV)。

最有力的证据可由研究电子辐照含 ^{12}C 与 ^{13}C 约各占 50%的试样 GE 得出。PL 光谱中观察到 3H 中心最大声子模(552.5nm 处)分裂为 A、B、C 三个峰,且 A 峰与 C 峰面积之和与 B 峰面积近似相等。A 峰、B 峰、C 峰分别距离零声子线

207.3meV、211.5meV、215.5meV(图 4-8)，分别对应着 ^{12}C—^{12}C、^{12}C—^{13}C、^{13}C—^{13}C 三种结构，虽然与理论计算值不同，但其中最高声子模与最低声子模比值接近理论值 $\sqrt{13/12}$，结论得以验证。

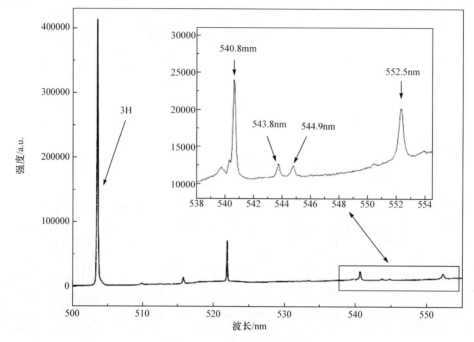

图 4-7　3H 中心的振动结构

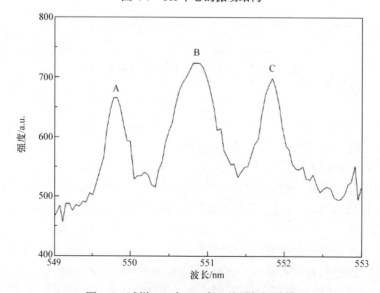

图 4-8　试样 GE 中 3H 中心的局部振动模

3H 中心、H3 中心[43]以及 S1 中心[48]都处于 2.46eV 附近,很容易混淆。Davis 研究发现 3H 中心与 H3 中心的振动结构不同,退火性能也不同[53]。而同样 Walker 研究发现 3H 中心与 S1 中心对温度都有依赖性,但在吸收光谱中却没有观察到 S1 中心[48]。Walker 还发现 3H 中心在 600K 退火后强度最高,且紫外激光照射或继续升高温度后都能消失,但经过 X 射线辐射后又可以再现[48]。

4.2.3 GR1 中心

GR1 中心位于 741nm 处,Jahn-Teller 效应使它的基态分裂为两个。GR1 中心对应着辐照后形成的中性空位,在几乎所有的金刚石电子辐照区域内都可以观察到。经常用它来寻找辐照区域,一是因为其强度高且普遍存在,二是认为空位经过 650℃ 以上退火才会移动。图 4-9 为同一辐照区域处 GR1 中心与 3H 中心线扫描光谱的强度剖面图。由图可以看出,GR1 中心迁移出辐照区域距离很小,不像 3H 中心那样,迁移出辐照区域很远。

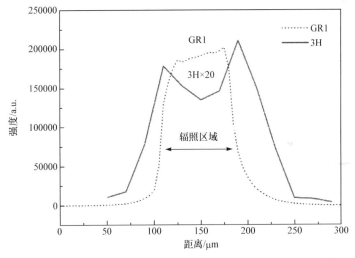

图 4-9 跨过辐照区域的线扫描光谱中 GR1 中心与 3H 中心的强度剖面图

对于空位来说,其光谱中观察不到尖锐的局部振动模,只存在强而宽的声子边带。且由于其柔韧系数较大,受到应力作用时,会引起零声子线的分裂,如 GR1 中心(图 4-10)、NV 中心及 H3 中心等。而对于间隙原子来说,正好相反,零声子线伴随着强的局部振动模和弱的声子边带。作为实心原子,受到应力场作用时,零声子线不会发生分裂,但当缺陷结构的质量有所变化时,会引起局部振动模的变化。对于双间隙原子相关的缺陷中心来说,$^{12}C/^{13}C$ 掺杂试样中局部振动模会发生分裂;对于多间隙原子相关的缺陷中心来说,$^{12}C/^{13}C$ 掺杂试样中不会观察到局部振动模的分裂而是发生偏移。

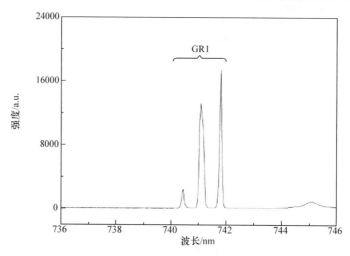

图 4-10　应力集中处 GR1 中心的分裂

4.2.4　515.8nm、533.5nm 及 580nm 中心

515.8nm、533.5nm 及 580nm 中心在所有的 Ⅱa 型金刚石电子辐照后都能观察到，且 580nm 中心强度仅次于 GR1 中心。这三个光学中心均存在强的局部振动模与弱振动耦合，因此推断它们很可能都是间隙原子组成的(间隙原子位于点阵的间隙位置，它本身活动的空间很小，这就导致了其振动耦合很弱，而出现局部振动模的可能性很大)。我们认为 515.8nm 中心在 561.3nm(179.4nm)处存在一个局部振动模，533.5nm 中心在 579.3nm(183.7meV)处存在一个局部振动模，而 580nm 中心在声子边界之外存在很多尖锐的局部振动模，其中 652.3nm(236.9meV)处局部振动模最强，且 629.0nm(166.5meV)处局部振动模位于声子传播的边界处(金刚石中声子传播的最大值为 165meV)，只有在 Ⅱa 型金刚石中才能观察到(图 4-11)。

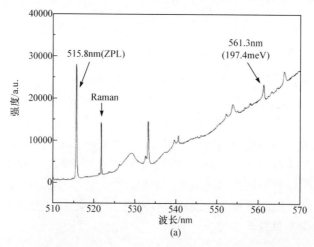

(a)

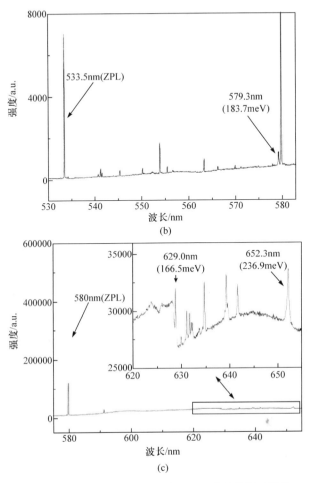

图 4-11 515.8nm、533.5nm 及 580nm 中心的振动结构

经过紫外激光照射、退火以及改变其他参数后，可以观察到这三个光学中心的增强，伴随着各自局部振动模的增强；而这三个光学中心减弱时，各自的局部振动模也随之减弱或消失，这种强度变化的一致性，验证了其局部振动模的存在。

最有力的证据可由研究电子辐照 ^{12}C 与 ^{13}C 约各占 50%的试样 GE 得到，PL 光谱中 515.8nm、533.5nm 及 580nm 中心对应的局部振动模没有发生分裂而是偏移，其位移因子接近理论值 $\sqrt{12.5/12}$，因此认为这三个光学中心是由多个间隙原子组成的(这是因为局部振动模与 $\sqrt{k/m}$ 成正比，试样 GE 中这三个光学中心相当于利用平均质量为 12.5 的间隙原子团替换原来平均质量为 12 的间隙原子团，从而引起了局部振动模的偏移而不是分裂)。以 580nm 中心为例，图 4-12 是该 GE 试样 580nm 中心的振动结构，由图可以观察到 166.5meV 声子模偏移至 163.3meV

处，非常接近于多间隙原子缺陷的理论计算值。

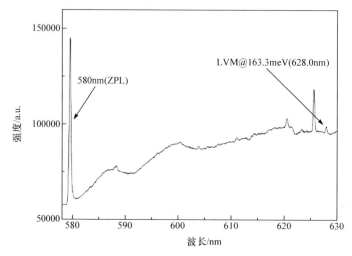

图 4-12　试样 GE 中 580nm 中心的振动结构

实际上，很多结果都表明这三个中心是由多间隙原子复合而成的，这几个局部振动模与单间隙原子、双间隙原子、三间隙原子、四间隙原子以及间隙氮原子缺陷模型的理论计算值进行比较（纽卡斯尔大学的 Goss 利用第一性原理计算得到的）[54, 55]，只有 197.4meV 声子模非常接近四个间隙原子缺陷模型的理论计算值。这也说明 515.8nm 中心很可能是由四个间隙原子组成的，而其他两个光学中心很可能是由多于四个间隙原子组成的。

当然超纯金刚石在 500～600nm 范围内还存在着很多其他常见的光学中心，其中 512.6nm、553.9nm、563.3nm、591.3nm 等在硼掺杂的金刚石中也可以观察到，除此之外，还有 506.8nm、541.2nm、545.3nm 等，虽然已经有些报道称其可能与氮杂质有关[56]，但仍缺乏有力证据。不管怎样，后面的研究会涉及这些中心的退火及紫外激光照射等性质。

4.3　实验条件的影响

Wotherspoon[40]与 Davis[50]研究Ⅱa型金刚石的光学中心时，发现辐照电子剂量及速率对光学中心的强度影响很大，本节主要是在研究电子剂量与速率作用的基础上，研究了一些其他参数，如辐照电压、辐照温度、测试温度等对超纯金刚石中光学中心的影响。

Raman 峰强度与激光的功率成正比，研究同一试样的不同辐照区域时，可能选择的激光功率不同，因此简单地比较不同光谱中某一光学中心的强度是没有意义的,而我们经常是通过比较不同光谱中光学中心与 Raman 峰的相对强度来获得比较有效的信息,这种思想贯穿全书。

4.3.1 辐照电子剂量

对于 GR1 中心来说,假设随着电子剂量的增加,金刚石中空位会线性增长,当达到一定值后,因为不能再形成孤立的空位,而不再增长。但实际上 Wotherspoon[40]发现 GR1 中心在辐照电子剂量低于 2×10^{19}e·cm^{-2} 时,强度呈线性增长,之后随着剂量的增加而减小,这是由于高辐照电子剂量时晶体中形成了更多缺陷,空位有效激发的概率下降。图 4-13 是不同电子剂量辐照 Ⅱa 型金刚石的典型 PL 光谱,其中 Ⅱa 型金刚石分别在 10^{18}e·cm^{-2}(图 4-13(a))、10^{19}e·cm^{-2}(图 4-13(b))、10^{20}e·cm^{-2}(图 4-13(c))、2×10^{20}e·cm^{-2}(图 4-13(d))辐照电子剂量与 300kV 电压下辐照后,并在 488nm 激光激发下、温度为 7K 时获得的 PL 光谱。

由图 4-13 可以观察到 10^{18}e·cm^{-2} 低辐照电子剂量时光谱中只有 Raman 峰及很弱的 580nm 中心;随着辐照电子剂量增加,达到本实验的最大辐照电子剂量 2×10^{20}e·cm^{-2} 时,502.0nm、515.8nm、533.5nm、534.2nm、535.7nm、541.2nm、541.5nm、561.3nm、591.3nm、592.7nm 及 595.2nm 中心均随之增强;而 3H 中心与 580nm 中心在 10^{19}e·cm^{-2} 辐照电子剂量时达到最强,之后开始减弱;506.8nm、512.6nm、526.3nm、530.0nm、532.6nm、550.2nm、553.9nm 及 578.0nm 中心强度在 10^{20}e·cm^{-2} 辐照电子剂量时达到最大值,而升高至 2×10^{20}e·cm^{-2} 辐照电子剂量时均有所减弱,表明在高辐照电子剂量时激发的缺陷以深能级为主,而其他的缺陷没有获得有效的激发。533.5nm 中心伴随着非常清晰的 579.3nm 发光峰,而低辐照电子剂量时 533.5nm 中心非常弱,也观察不到 579.3nm 峰,这也验证了 533.5nm 中心在 579.3nm 处存在一个局部振动模。

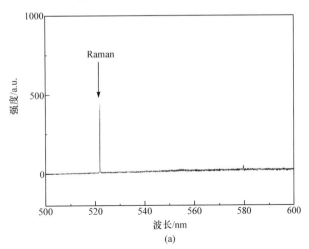

(a)

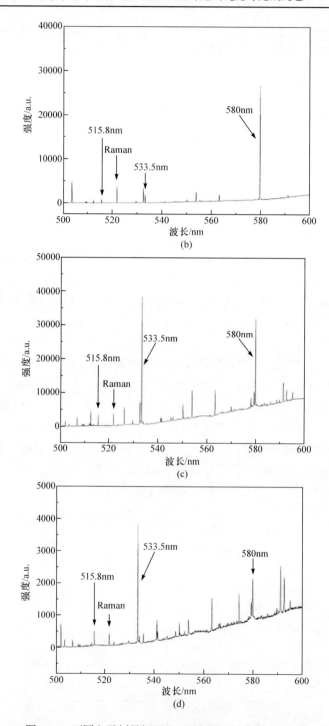

图 4-13 不同电子剂量辐照Ⅱa型金刚石的典型 PL 光谱

4.3.2 剂量速率

图 4-1 中试样 D 在相同的辐照电压与电子剂量（300kV 和 $5\times10^{19}\text{e}\cdot\text{cm}^{-2}$）下进行电子辐照，通过改变辐照区域的直径来实现不同电子剂量速率时的辐照。辐照 A、B、D、F 的电子剂量速率大小为 $V_A < V_B < V_D < V_F$。图 4-14 是这些辐照区域中心处附近在 488nm 激光激发下、温度为 7K 时的典型 PL 光谱，其中，图 4.14(a) 为辐照区域 A，图 4.14(b) 为辐照区域 B，图 4.14(c) 为辐照区域 D，图 4.14(d) 为辐照区域 F。由图可以看出，随着辐照电子剂量速率的增大，3H 中心先急剧升高，后急剧降低；515.8nm 中心随着辐照电子剂量速率的增大，强度一直升高；533.5nm 强度均随着辐照电子剂量速率增大而减弱，580nm 中心随之稍微减弱，这可能是由于电子速率越高，缺陷中心越容易扩散到辐照区域之外，从而造成强度的降低。这点与 De Beers 公司提供的 Ⅱa 型 HTHP 金刚石(110)晶面结论一致。

而同一试样(100)晶面及由 Dr Michael Seal 切割的天然 Ⅱa 型金刚石中，533.5nm 中心随着辐照电子剂量速率升高而增强，580nm 中心随之而减弱。原因之一是入射电子的方向不同，得到的发光信号强弱也不同，533.5nm 与 580nm 中心被认为与间隙原子相关，那么它们在不同晶面上形成时的电子速率可能也不同。再有就是不同晶面上杂质的含量不同，(111)晶面含氮较高，(100)晶面含氮较低，因此不同晶面形成缺陷的比例也是不同的[57]。我们认为 533.5nm 中心与 580nm 中心很可能是由多个间隙原子组成的，因此辐照时电子入射方向及辐照晶面对它们影响很大。另外，假设 580nm 中心是简单的单间隙原子引起的，那么低剂量辐照时，其强度应该与 GR1 中心强度差不多，但事实并非如此，而是相差 10 倍，因此这也说明 580nm 中心很可能是由多个间隙原子引起的。

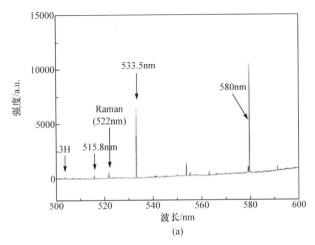

(a)

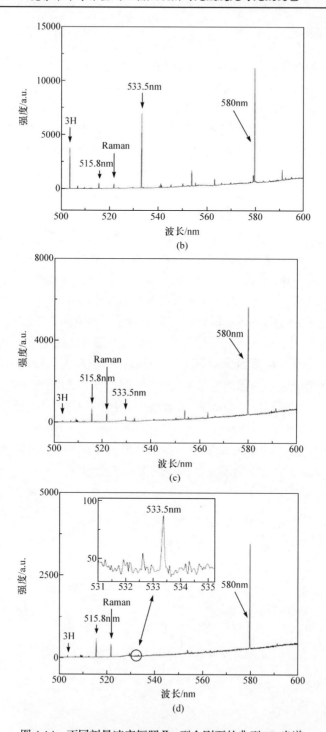

图 4-14 不同剂量速率辐照Ⅱa型金刚石的典型 PL 光谱

另外，由图 4-14 还可以观察到，辐照区域 A 与 B，533.5nm 中心强度很高，伴随着 579.3nm 处存在一个明显的声子模；而区域 D 与 F 中，533.5nm 中心强度很弱，此时 579.3nm 处声子模消失，这也验证了 533.5nm 中心在 579.3nm 处存在一个局部振动模。

4.3.3 辐照温度

低温辐照金刚石常用的就是液氦与液氮温度。整体来说，与室温下的电子辐照相比，低温辐照得到的光谱改变很小，许多特征峰位置均未变化，只是强度有所变化，也伴随着少量光学中心的消失[56]。选择一小块 IIa 型 CVD 金刚石，在 300keV、辐照电子剂量为 $5\times10^{19}\text{e}\cdot\text{cm}^{-2}$ 下进行液氮温度辐照，辐照直径~100μm，之后在 488nm 激光激发下、温度为 7K 时获得 PL 光谱，与室温辐照时的对比见图 4-15。

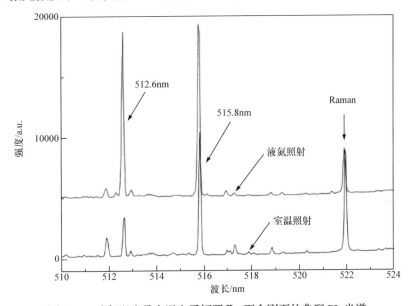

图 4-15 液氮温度及室温电子辐照 IIa 型金刚石的典型 PL 光谱

对比发现 512.6nm 中心与 515.8nm 中心强度发生明显变化，它们在液氮温度辐照时强度较高，室温辐照时强度较低（与 Raman 峰的相对强度），可以认为是由于液氮温度辐照时光学中心扩散较弱引起的。

4.3.4 辐照电压

Koike 等研究发现，要想在金刚石中引入点缺陷，(100)晶面需要 180keV 的能量，(110)晶面需要 220keV 的能量[24]。而我们研究的 IIa 型金刚石一般都是由(100)晶面生长而成的，取一块新的 IIa 型金刚石分别在 150kV、175kV、200kV

电压与 $5\times10^{19}\mathrm{e\cdot cm^{-2}}$ 辐照电子剂量下进行电子辐照，图 4-16 是在 488nm 激光激发下、温度为 7K 时典型的 PL 光谱。由图中可以观察到，GR1 中心在 150kV 辐照时就出现了，且光谱中也只有 GR1 中心；175kV 辐照时，出现了很弱的 533.5nm、563.3nm、580nm 及 591.3nm 中心，同时还有 579.3nm 处局部振动模，GR1 中心信号也有所增强；辐照电压到达 200kV 后，出现了更多光学中心，如 512.6nm、515.8nm 等，所有信号的强度都增强，较为明显的是 GR1 中心与 533.5nm 中心。

另外，还研究了一块天然Ⅱa型金刚石，经 Dr Michael Seal 激光切割为 2mm×2mm×2mm 的小立方体，并在 Berkeley National Center for Electron Microscopy of California 进行电子辐照，分别在 600kV 与 800kV 电压下进行电子辐照。图 4-17 是 488nm 激光激发、温度为 7K 时的典型 PL 光谱。由图中可以观察到，高电压辐照后几个非常清晰的光学中心，即 3H 中心、515.8nm 中心、533.5nm 中心与 580nm 中心，而原来超纯金刚石中如 506.0nm、512.6nm、591.3nm 等其他的光学中心却观察不到了。

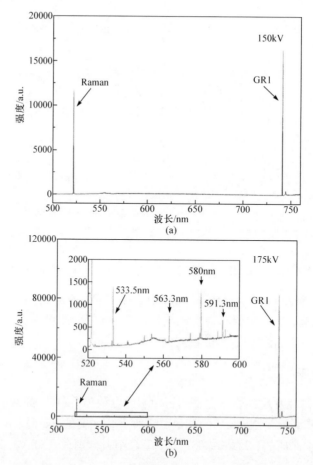

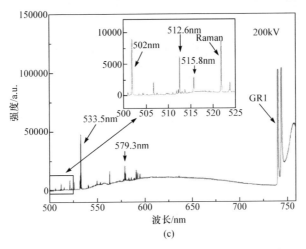

图 4-16 不同电压辐照Ⅱa型金刚石的典型 PL 光谱

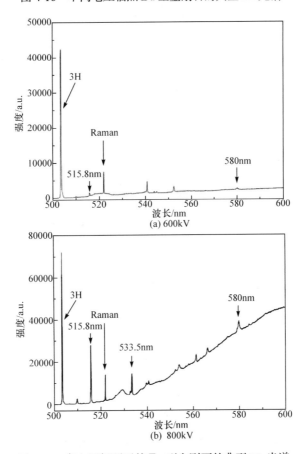

图 4-17 高电压辐照天然Ⅱa型金刚石的典型 PL 光谱

4.3.5 测试温度

随着温度的变化，金刚石的发光特性也发生变化。大部分光学中心的强度随着温度升高而退化，这是因为温度升高，金刚石晶格内多声子参与的热复合概率增大。当温度升高时，光学中心加宽，并将能量传给每个光学中心。图 4-18 是电子辐照 IIa 型金刚石在 488nm 激光激发、不同温度时 3H 中心及 510～590nm 范围内的典型 PL 光谱。

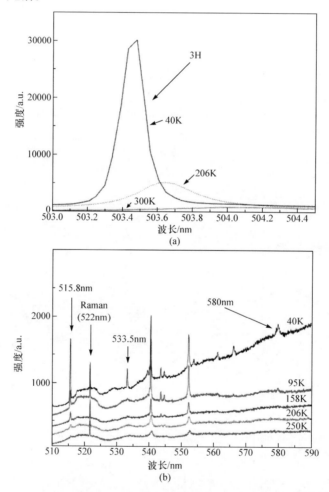

图 4-18 电子辐照 IIa 型金刚石在不同温度下的典型 PL 光谱

由图 4-18 可以看出，光学中心均随着温度升高，不仅强度逐渐减弱、加宽，而且还发生红移，其中 533.5nm 中心与 580nm 中心在温度达到 95K 时消失，

515.8nm 中心在温度达到 206K 时消失,室温时光谱中只能观察到 3H 中心与 GR1 中心(由于 GR1 中心非常强,为了便于观察 500～600nm 范围的细节结构,在此图中未选取 GR1 中心范围的光谱),认为随着温度升高,接近导带的缺陷激发态最先消失,即 3H 中心与 GR1 中心距离导带较远,而 515.8nm、533.5nm 及 580nm 中心更接近导带。另外,还可以观察到光学中心及其各自的局部振动模强度变化的一致性。

4.3.6 局部应力

Ⅱa 型 CVD 金刚石在生长过程及电子辐照过程中,都会在局部产生应力。当局部应力作用于空位时,由于空位的柔韧系数较大,故低温 PL 光谱中空位对应的零声子线发生分裂;而间隙原子作为实心原子,在受到应力作用时,其零声子线不会发生分裂。因此,研究局部应力集中点处的 PL 光谱,对推断光学中心的结构模型具有重要的意义。

图 4-19 是电子辐照Ⅱa 型金刚石应力集中点处,488nm 激光激发、温度为 7K 时的典型 PL 光谱。为了可以清楚地观察到 GR1 中心、3H 中心、533.5nm 等光学中心的分裂情况,将其光谱分裂成几段,这样可以观察到,应力集中处 GR1 中心、591.3nm 中心及 592.7nm 中心均发生分裂;而 3H 中心、512.6nm、515.8nm、533.5nm、580nm 及 595.2nm 中心均没有发生分裂。这说明 591.3nm 中心与 592.7nm 中心很可能是与空位相关的光学中心,而 512.6nm、515.8nm、533.5nm、580nm 及 595.2nm 中心很可能是与间隙原子相关的光学中心。

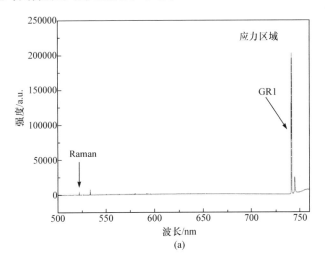

(a)

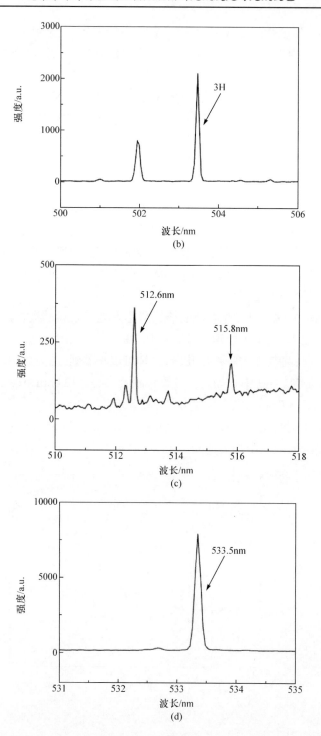

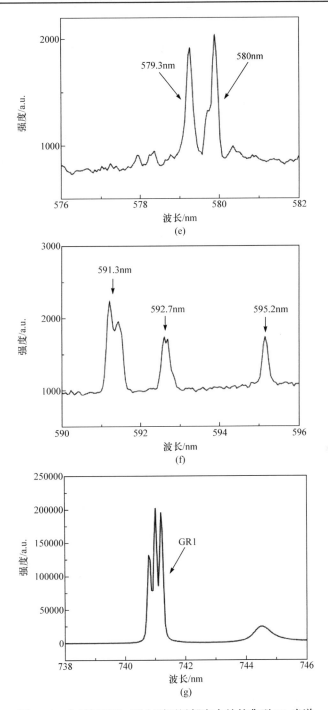

图 4-19 电子辐照 Ⅱa 型金刚石局部应力处的典型 PL 光谱

4.4 紫外激光激发与光致变色

图 4-20 是电子辐照 Ⅱa 型金刚石在 325nm 激光激发、温度为 7K 时典型的 PL 光谱，除 Raman(340nm)外，还可观察到 TR12(470nm)、ND1(393.5nm)、389nm 及 420nm 中心。Clark 等[14]于 1956 年第一次发现 TR12 中心，但目前还没有确定 TR12 中心的结构模型，一些研究组认为它与空位相关[58]。而我们在 508.9nm(201.2meV)处可以观察到 TR12 中心的一个非常强的局部振动模，因此认为该中心更可能是与间隙原子相关的[59, 60]。Walker 研究发现 TR12 中心随着电子剂量的增加而增强[61]，随后 Wotherspoon 发现 TR12 中心与 533.5nm 中心类似，都是当辐照电子剂量高于 $10^{19}\mathrm{e\cdot cm^{-2}}$ 时才会出现[40]。

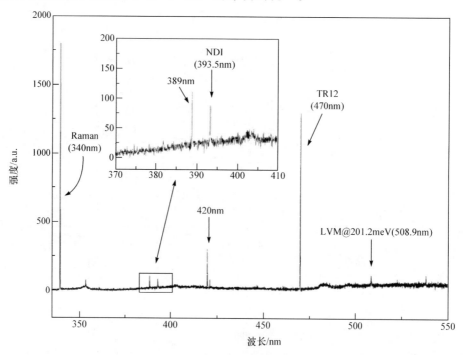

图 4-20　电子辐照 Ⅱa 型金刚石在 325nm 激光激发、温度为 7K 时典型的 PL 光谱

389nm 中心(3.188eV)也是经常可以观察到的，Collins 认为它是由间隙碳原子与氮原子复合而成的[42]。当辐照电子剂量升至 $10^{18}\mathrm{e\cdot cm^{-2}}$ 时 389nm 中心变得更加明显，然而当辐照电子剂量高于 $10^{20}\mathrm{e\cdot cm^{-2}}$ 时，其强度开始下降，这点与 3H 中心变化规律类似[41]。在所有 CVD 金刚石中，都可以发现辐照电子剂量速率对 TR12 中心与 389nm 中心有明显的影响，TR12 中心随着辐照电子剂量速率的升高

而增强,而389nm中心却随之减弱[41]。原因之一就是高剂量速率时复合的间隙原子数目增多,使得TR12中心的发光增强。当然,在吸收光谱中,还可以发现GR2～GR8光学中心,Stoneham认为这是由真空系统中的泵油在紫外激光照射分解后沉积在试样表面的薄膜引起的[62]。

ND1中心(393.5nm处)认为是由一个带负电荷的空位引起的,其基态位于费米能级附近,激发态却位于导带中(基态之上3.154eV处),经常在PL光谱与吸收光谱中发现[34, 35]。令人奇怪的是,我们在PL光谱中也观察到了ND1中心,紫外激光激发时,理论上会使该中心束缚的电子离子化,变为中性空位,因此在光谱中不会发现此光学中心。但实际测试中经常会发现该中心,目前还未能解释其原因。不过GR1中心与ND1中心的强度比与杂质氮的浓度,也就是金刚石的类型有关。事实上,在超纯金刚石中,ND1中心很弱,仅约为GR1中心的1/300,而在Ⅰb型金刚石中,GR1中心就会相对减弱。

通过对比488nm激光与325nm激光激发得到的PL光谱,发现不同激光源得到的光学中心不同。很明显,488nm激光激发时,存在3H中心,而在325nm激光激发时却观察不到,这也说明3H中心很可能是带负电的,紫外激光照射时发生了电荷转移。利用不同波长激光激发也是研究光学中心的重要手段之一。

当然,液氦温度下利用325nm紫外激光沿辐照区域直径方向进行线扫描后,再在488nm蓝光液氦下进行探测,发现一些光学中心增强,一些光学中心减弱,即光致变色。图4-21是Ⅱa型金刚石光学中心经紫外激光照射后的分布情况,扫描步长为60μm×60μm。辐照区域中心附近光学中心的强度比较接近,经过紫外激光照射后,3H中心、515.8nm中心及580nm中心被消去,而506.0nm中心及563.3nm中心强度变大;而512.6nm中心强度分布不均匀且较弱,不易观察出明显的强度变化;533.5nm中心与GR1中心受紫外激光照射的变化不是很明显,可

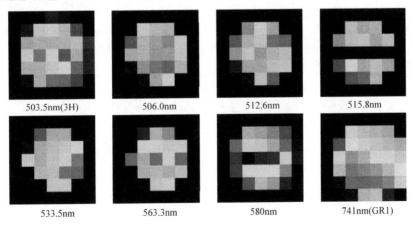

图4-21 Ⅱa型金刚石光学中心经紫外激光照射后的分布情况(见彩图)

以认为紫外激光照射后，光学中心发生了离子化或者结构发生了变化，但 488nm 激光激发的低温光谱中又没有新的光学中心形成，因此很可能是几个光学中心间发生了转化。533.5nm 中心与 GR1 中心类似，不具有光致变色性质，说明该中心很可能与 GR1 中心一样都是中性的。

4.5 光学中心的空间分布

PL 光谱中存在很多单一的零声子线，且对探测位置具有很强的依赖性，因此简单地分析某条零声子线强度随温度等的变化往往是没有意义的，还需要结合空间分布进行研究。空间分布是研究金刚石 PL 光谱的一种有效手段，它是通过沿着某一路径或区域连续扫描得到的 PL 光谱。设置的扫描范围要包含所要研究的光学中心，如研究 GR1 中心(741nm)，可以设置扫描范围为 700～780nm 并进行 Extended 扫描，也可以直接设置峰位为 741nm 并进行 Static 扫描，系统自动选取扫描范围。然后就可以观察到该中心的强度分布情况，其中线扫描光谱的强度分布图为强度剖面图，面扫描得到的强度分布图是利用不同颜色深度来表示的，本书均以红色代表强度最高，黑色代表强度最低。根据光学中心的强度变化，判断它们之间的相关性，进而可以得到更多有效的信息。下面主要研究的是光学中心在辐照平面及深度方向的分布情况，结果表明光学中心的分布情况与缺陷的结构有关，往往间隙原子比空位更易于扩散。

4.5.1 辐照平面方向

金刚石在近阈能电子辐照后，一些光学中心扩散到辐照区域之外，由于光学中心的结构不同，它们扩散的位移也不同。当然，金刚石不同晶面的位移阈能也是不同的，4.3.4 节研究发现要想达到金刚石(100)晶面的位移阈能,需要利用 TEM 至少在 150keV 下进行电子辐照。Davies 发现金刚石的缺陷在辐照过程中往往迁移出辐照区域 10μm 左右[29]，这点在其他半导体材料中也可以发现，如 CdS 中 Cd，及单晶 Ge 也迁移出辐照区域 10μm 左右[63, 64]。

对于 IIa 型金刚石来说，最常见的光学中心有 3H、515.8nm、533.5nm、580nm 及 GR1 中心，为了研究这些中心的扩散情况，我们对辐照区域进行线扫描，并研究每个光学中心的强度剖面图。一般来说，空位迁移出辐照区域的距离远小于间隙原子，因此可以暂时地认为空位是固定不动的，根据 GR1 中心的强度剖面图判断辐照的区域，进而研究其他光学中心的扩散情况。Steeds 发现这些零声子线在不同的剂量速率时强度有所变化，但其强度剖面图的分布没有明显变化[65]。因此可以将这些零声子线的强度剖面图放大，以便于比较。

取一块 IIa 型 CVD 金刚石在 300kV、5×10^{19}e·cm^{-2} 中等电子剂量下进行电子

辐照,利用 488nm 激光器在温度 7K 时沿辐照区域直径方向作线扫描 PL 光谱,然后可以得到光学中心的强度剖面图,如图 4-22 所示,其中 3H 中心强度放大了 40 倍,533.5nm 中心放大 15 倍,580nm 中心放大了 12 倍。由图中可以看出,辐照区域的直径约为 100μm,3H 中心迁移出辐照区域约 40μm,是离开辐照区域最远的光学中心,而 580nm 中心迁移出辐照区域约 10μm,仅次于 3H 中心;即使是 GR1 中心也迁移出辐照区域(虽然距离很小),只有 533.5nm 中心严格地局限在辐照区域内。另外,还可以观察到 3H 中心的最大值出现在辐照区域的边界处,而在中心处存在一个局部极小值。

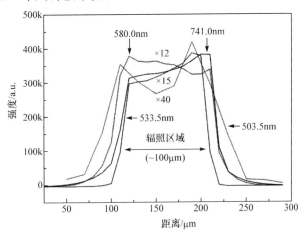

图 4-22 中等电子剂量辐照 IIa 型金刚石线扫描光谱光学中心的强度剖面图

另取一块 IIa 型 CVD 金刚石,在 300kV、$2\times10^{20}\text{e}\cdot\text{cm}^{-2}$ 高电子剂量下进行电子辐照,同样研究光学中心的扩散情况,其强度剖面图如图 4-23 所示(利用 488nm

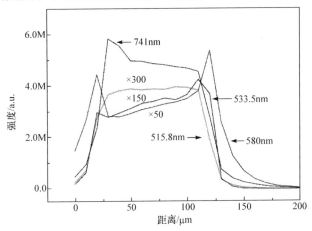

图 4-23 高电子剂量辐照 IIa 型金刚石线扫描光谱光学中心的强度剖面图

激光器在温度 7K 时沿辐照区域直径方向作线扫描 PL 光谱,然后可以得到光学中心的强度剖面图,其中 515.8nm 中心强度放大了 300 倍,533.5nm 中心放大了 150 倍,580nm 中心放大 50 倍)。由图可以看出高电子剂量辐照时,光学中心迁移出辐照区域的距离较大(其中 580nm 中心迁移出辐照区域的距离最远),即使是 533.5nm 中心也不再完全地被局限在辐照区域内。

4.5.2 深度方向

在辐照过程中,光学中心除了在辐照平面方向扩散,还会在深度方向发生扩散。利用 TEM 进行电子辐照,粗略估算,当电子能量损失速率为 $1\text{keV}^{-1} \cdot \mu\text{m}^{-1}$ 时,可以在深达 50～100μm 处发生原子位移。为了研究光学中心的扩散情况,必须在低温时检测,即试样保持在流动的液氦中,因此试样很可能发生"漂移",这造成测量时存在一定的误差,这就要求我们必须等系统温度稳定后再进行探测(通过 TCU 得出,温度一般在 7K 左右稳定)。

为了研究金刚石中光学中心沿辐照区域深度方向的分布情况,首先选择一块经 Dr Michael Seal 激光切割后的长方体金刚石,它的表面及侧面都经过非常小心地剖光。在其一个平面边界附近进行 300kV、$5×10^{19}\text{e} \cdot \text{cm}^{-2}$ 电子辐照,然后利用 488nm 波长激光在温度 7K 时研究与其垂直的侧面,如图 4-24 所示,这样就可以得到光学中心沿辐照区域深度方向的分布情况。

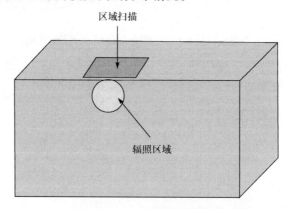

图 4-24 试样电子辐照与侧面 PL 面扫描的示意图

图 4-25 是 300℃退火后几种光学中心在深度方向的分布情况(因为多数光学中心在 300℃退火后强度增大,易于观察),扫描步长为 10μm×10μm。一般来说,金刚石中间隙碳原子的迁移能约为 1.6eV,而空位的迁移能约为 2.3eV[29]。当然,影响金刚石辐照缺陷扩散的因素很多,如间隙原子的扩散、复合缺陷的形成、数量及电荷,电子-空穴对的产生与复合、空位扩散引起的晶格畸变。由图可以看出,

GR1 中心在辐照表面强度最高,即电子辐照能量最高的区域,说明空位扩散非常小;更为显著的是间隙原子引起的 3H 中心与 580nm 中心,它们均扩散离开辐照区域一段距离,也远离了电子进入的辐照区域,它们在辐照区域的自由面上强度也是最低的,这说明辐照有利于间隙原子的扩散,扩散的驱动力来源于电荷的积累或应力。

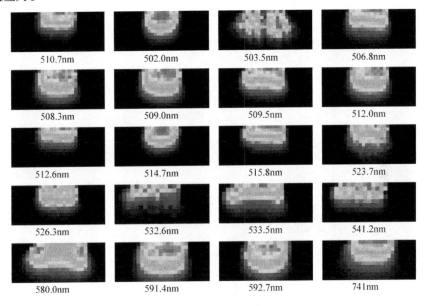

图 4-25　光学中心在深度方向的分布情况(见彩图)

电子辐照除了可以产生本征缺陷,还经常产生电子-空穴对和缺陷的离子化,电子-空穴对的复合可以在发光的同时,释放足够的能量来促进间隙原子的扩散,缺陷的离子化被载流子束缚也有利于缺陷的扩散[65]。间隙原子引起的 533.5nm 中心的扩散行为与 3H 中心等非常类似。另外,510.7nm、506.8nm、509.5nm、512.6nm、515.8nm 中心的迁移能较高,严格地控制在辐照区域之内,强度最大值均出现在试样表面处,说明这些光学中心在辐照过程中被束缚住,难以继续扩散;502.0nm、508.3nm、509.0nm、512.0nm、514.7nm、541.2nm、591.4nm 及 592.7nm 中心强度最高处位于表面之下一段距离处,说明这些光学中心是由辐照过程中缺陷扩散形成的。523.7nm 与 526.3nm 中心的强度分布几乎相同,这两个光学中心在电子辐照 IIa 型金刚石 300℃退火后才可以观察到,并且电子辐照高氮 HTHP 金刚石中 523.7nm 中心的强度很高,其详细研究见第 5 章。532.6nm 中心对激光功率非常敏感,随着 488nm 激光功率的升高,其相对强度增大(相对 Raman 峰强度),见图 4-26。

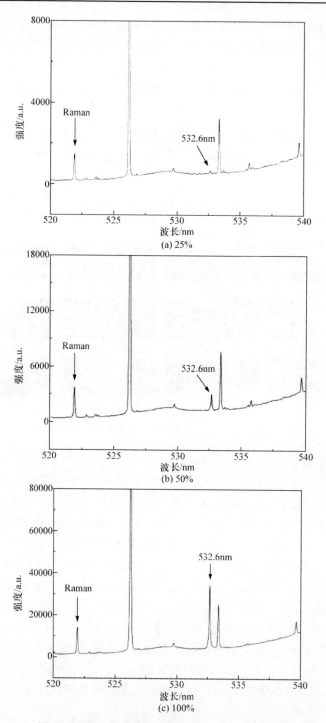

图 4-26 488nm 激光功率对 532.6nm 中心的影响

在试样深度方向一段距离处进行选点扫描，该点处 GR1 中心强度仍然很高，利用偏振光来研究该点。图 4-27 是 488nm 激光激发、温度 7K 时加载水平与垂直偏振片后的典型 PL 光谱。研究发现垂直偏振光与水平偏振光在 500~522nm 范围的光学中心几乎没有变化，而 522~600nm 范围的光学中心变化较大，且垂直偏振光检测时光学中心的强度较高，可以认为光学中心在辐照过程中发生扩散，且沿水平方向扩散要比深度方向扩散容易。

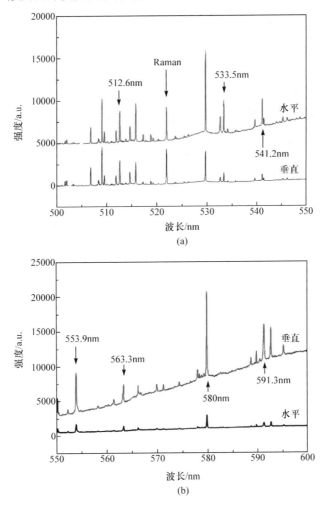

图 4-27　偏振光对 IIa 金刚石光学中心的影响

辐照区域经过 900℃退火后，空位移动很明显。辐照中心处与退火前相比，可观察到几个非常感兴趣的现象(4.6.5 节)。一是 571.2nm 中心成为光谱中最强的光学中心，而 GR1 中心变得非常微弱；二是光谱中还出现了 NV^0 中心及 733nm 中心，这说明即使是含氮量低于 1ppm 的Ⅱa 型金刚石，仍然可以形成 NV 中心。高温退火后光学中心沿深度方向的分布情况，如图 4-28 所示，扫描步长为 $25\mu m \times 25\mu m$。

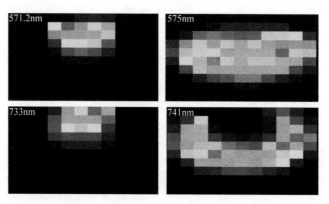

图 4-28　900℃退火后光学中心在深度方向的分布情况(见彩图)

由图 4-28 可以看出，GR1 中心在辐照区域内强度很弱，这是因为此时空位可以在晶格内自由移动，与间隙原子发生复合，或被杂质氮原子所束缚形成 NV 中心；而 571.2nm 与 733nm 中心被严格地局限在辐照区域内。温度继续升高 50℃后，发现光学中心的分布变化不大，只是 GR1 中心扩散的距离更远些。

4.6　退　　火

研究金刚石的 PL 光谱，除了上面提到的空间分布，还有一种非常有效的手段——退火。每个缺陷中心都有自己的位移活化能，即缺陷开始移动时所需的能量，本实验中退火均是慢慢地提高温度(温差为 50℃)，使不同的缺陷逐渐地开始移动或消失。一个完美的晶体经电子辐照后，形成的空位数量(包括各种电荷的空位)应该等于间隙原子的数量。退火引起的可能结果包括间隙原子与空位的复合、形成更稳定的缺陷中心或缺陷的消失(如晶界)。在较低的温度下，一些缺陷可能会由被杂质原子束缚态变成释放态，或者是被杂质原子束缚形成复合缺陷。当然试样的退火还会导致缺陷的重新调整或电荷状态的变化。

退火温度的升高，往往伴随着某些零声子线的增强或减弱。为了研究光学中心随着退火温度升高的变化情况，我们选择一片新的Ⅱa 型 CVD 金刚石，没有经过紫外激光照射，在 $5 \times 10^{19} e \cdot cm^{-2}$ 电子剂量、300kV 下进行室温电子辐照，随后对该试样进行一系列温度的退火,退火时间为30min,升温速率为50℃/min,温差为50℃。由350℃开始退火,直至950℃,因此该过程中会得到很多的线扫描光谱与面扫描光谱,为了节省时间,将500～600nm的光谱分成四段进行Static面扫描研究。图4-29是辐照区域中心处退火前在488nm激光激发、温度为7K时的典型PL光谱。

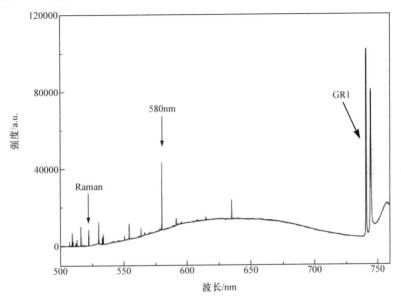

图4-29 辐照Ⅱa型金刚石退火前的典型PL光谱

随着退火温度的升高,光谱中零声子线变化很大,这里选择每次退火后辐照中心处488nm激光激发、温度为7K时的一些典型PL光谱,如图4-30所示。

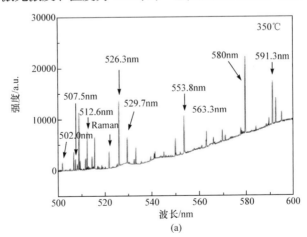

(a)

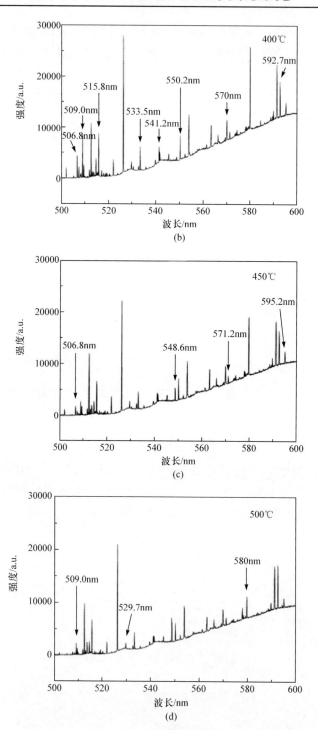

第 4 章　Ⅱa 型金刚石辐照缺陷的光致发光与光致变色

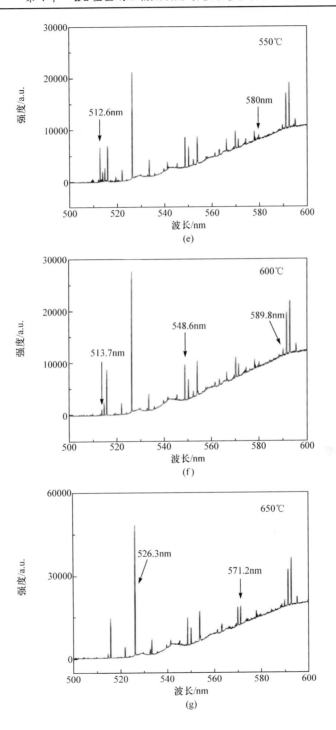

(e)

(f)

(g)

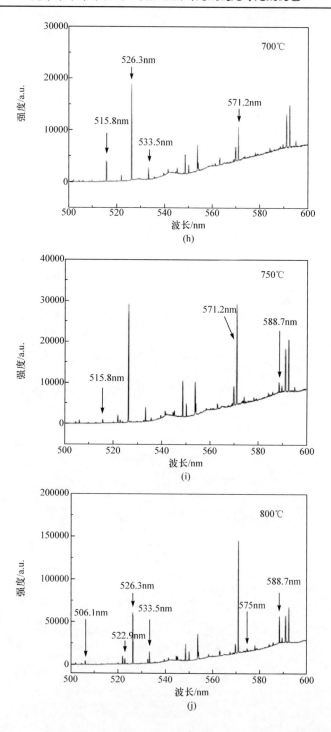

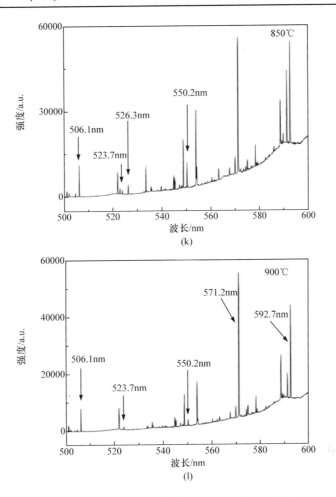

图 4-30　辐照 II a 型金刚石退火后典型的 PL 光谱

1. 500～525nm 范围内光谱

3H 中心是此范围内的一个重要光学中心，Davis[53]发现 3H 中心在稍高于 300℃退火后，强度急剧升高；后面 Wotherspoon[40]也得出类似结论，并发现 3H 中心在 320℃退火时达到最大值，350℃后急剧下降。在前面的研究中也发现 3H 中心在 300℃退火后强度很大，350℃退火后几乎退化为零。与退火前相比，507～510nm 范围内的光学中心随着退火温度的升高逐渐减弱；350℃后出现的 507.5nm 中心，550℃时只剩下了痕迹，600℃时完全消失；502.0nm 中心在 500℃时退化为痕迹，550℃时完全消失；512.6nm 中心在 450℃时开始减弱，600℃时急剧减弱为零。到达 750℃时，515.8nm 中心退火消失了，此时 500～525nm 范围内，只有一个非常强的 526.3nm 中心。继续升高温度，800℃退火后出现了 506.1nm 与 522.9nm

两个新的光学中心，同时 501.0nm 与 502.0nm 中心再次出现；850℃退火时，502.0nm 与 522.9nm 中心开始减弱，而 501.0nm 中心及新出现的 523.7nm 中心逐渐增强，且 3H 中心又重新出现；950℃时，500～525nm 光谱中只存在 3H、501.0nm、506.1nm 及 523.7nm 中心。

2. 525～550nm 范围内光谱

与退火前相比，光谱出现了 526.3nm 中心（300℃退火后就出现了），并随着退火温度升高而增强，500～800℃时保持一定值，之后开始减弱，至 900℃时完全消失；529.7nm 中心在 400℃退火后开始减弱，550℃时只剩下痕迹，达到 850℃时完全消失；400℃退火时出现了 548.6nm 中心，并随着退火温度升高而变强，并直至 950℃时仍保持很强；532.6nm 中心对激光功率依赖性很强，很难观察其退火特性；533.5nm 中心在 350℃退火后增强，并保持一定值至 800℃，850℃时开始减弱，900℃完全退火消失；550.2nm 中心在 400℃退火后强度升高，保持一定值至 850℃开始减弱，950℃时完全消失。950℃退火后，525～550nm 范围光谱中只有很强的 548.6nm 中心，另外还有非常弱的 535.5nm 中心与 544.7nm 中心。

3. 550～575nm 范围内光谱

553.8nm 中心在 350℃退火后强度变大，并在 950℃时保持很高的强度；800℃退火以后，575nm 中心开始变强；563.3nm 中心在退火后强度增强，并保持一定值至 950℃；350℃退火后，571.2nm 中心强度增大，在 650℃退火后强度急剧增大，到达 950℃时，已经成为 500～800nm 范围光谱中最强的光学中心。950℃退火后，550～575nm 范围内，存在较强的 571.2nm、563.3nm 及 553.8nm 中心，当然还存在许多非常弱的光学中心，如 560.3nm、569.9nm、574.3nm 及 575nm 中心。

4. 575～600nm 范围内光谱

该范围内一个重要的光学中心——580nm 中心在 450℃退火后开始减弱，550℃时只剩下了痕迹，650℃退火后完全消失；588.7nm 中心在 800℃退火后急剧升高，并达到 950℃后仍然强度很高；另外一个非常有趣的现象是关于 591.3nm、592.7nm 及 595.2nm 中心，350℃退火后，三个中心都增强，且 591.3nm 中心强于 592.7nm 中心，但 500℃退火后，592.7nm 中心强于 591.3nm 中心，并一直保持到 950℃退火时，595.2nm 中心在 800℃时退火消失。

5. GR1 中心

GR1 中心是由中性空位引起的，其活化能约为 2.3eV[29]。550~650℃退火时，GR1 中心强度下降，一般认为这是由间隙原子移动至空位处复合引起的[66]。当达到 700℃时，空位就可以自由移动了，最明显的就是 NV^0 中心的出现，这是由于空位自由移动至取代氮原子处被束缚而成的。退火前氮原子都是以孤立的单取代氮原子 N_S 形式存在的，PL 光谱中没有它们对应的零声子线；而高温退火后，几乎所有的取代氮原子都形成了 NV 中心，此时 NV 中心的浓度更为准确地表征了金刚石的含氮量。随着退火温度的升高，越来越多的空位被取代氮原子所束缚或与间隙原子发生复合，GR1 中心越来越弱，而 NV^0 中心的浓度却越来越高。图 4-31 是超纯金刚石 950℃退火后 488nm 激光激发、温度为 7K 时的典型光谱，由图可看出，GR1 中心很微弱，且可以观察到很强的 733nm 中心及其声子边带，这说明 733nm 中心很可能是空位缺陷引起的，Steeds 等[67]认为该中心是由双空位缺陷引起的。这也说明在高温退火过程中，空位扩散引起了 NV 中心和双空位的形成。

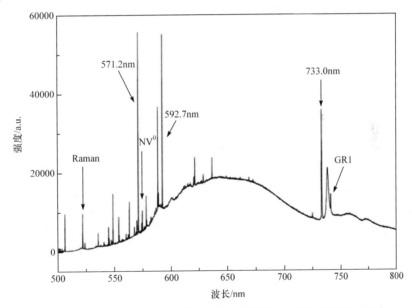

图 4-31 950℃退火后 488nm 激光激发、温度为 7K 时的典型 PL 光谱

6. 零声子线与局部振动模

大量的实验结果表明，515.8nm 中心在 561.3nm 处存在一个局部振动模，533.5nm 中心在 579.3nm 处存在一个局部振动模，而 580nm 中心在 652.3nm 处也存在一个局部振动模，退火实验也验证了零声子线与局部振动模之间强度变化

的一致性。

(1) 515.8nm 中心：退火前及 350~750℃ 退火过程中，515.8nm 中心一直保持很高的强度，伴随着清晰的 561.3nm 处局部振动模；而 750℃ 以后，515.8nm 中心退火消失，561.3nm 处局部振动模也随之消失。

(2) 533.5nm 中心：退火前及 350~850℃ 退火过程中，533.5nm 中心强度很高，579.3nm 处局部振动模也很明显；而 900~950℃ 退火后，533.5nm 中心与 579.3nm 处局部振动模都退火消失了。

(3) 580nm 中心：629.0nm 处局部振动模位于声子传播的边界处，有时很难观察到，但是我们可以观察到退火前及 350~450℃ 退火过程中，580nm 中心强度很高，伴随着 652.3nm 处明显的局部振动模；而 500~650℃ 以后，580nm 中心急剧减弱并消失，652.3nm 处局部振动模也随之先减弱后消失。

4.7 扫描电子显微镜

Ⅱa 型金刚石可以认为是绝缘体，在扫描电子显微镜下照射时，部分电子进入金刚石内部，并在一定深度处被储存。图 4-32 是一块 Ⅱa 型 CVD 金刚石经电子辐照后的扫描电镜照片。图中标出的辐照区域 h 与辐照区域 i，它们的辐照电子剂量分别是 $10^{18}e \cdot cm^{-2}$ 与 $10^{19}e \cdot cm^{-2}$。在 2kV 时观察到辐照区域为黑色，在 30kV 时辐照区域为明亮色。

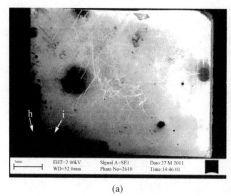
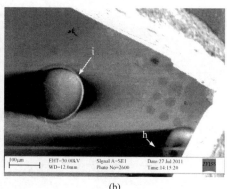

(a)　　　　　　　　　　　　　(b)

图 4-32　电子辐照 Ⅱa 型金刚石的扫描电镜照片

利用低温 PL 光谱研究此时的辐照区域，图 4-33 是 488nm 激光激发、温度为 7K 时的典型 PL 光谱。由图可以看出，剂量较高时，各个光学中心的强度都减弱，与之前研究结果不同(之前研究结果表明，大部分光学中心当辐照电子剂量达到 $10^{19}e \cdot cm^{-2}$ 时，强度最大)。更为有趣的是，未经扫描电镜照射时，580nm 中心强度仅次于 GR1 中心,但在扫描电镜照射 30min 后,580nm 中心迅速减弱,而 533.5nm 中心成为仅次于GR1 中心的第二强信号。

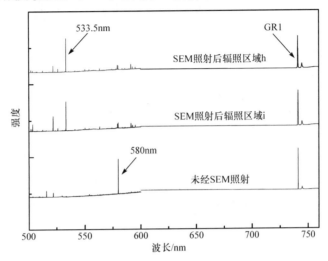

图 4-33　电子辐照 IIa 型金刚石经扫描电镜照射后的典型 PL 光谱

不考虑积累的空间电荷在金刚石晶体的分布及漂移情况,金刚石的表面电势影响了二次电子、背散射电子及初级电子的运动轨迹。而表面电势正负情况主要取决于总的电子发射量σ,其中σ主要取决于初级电子对应的两个能量 E_1 与 E_2。当 $\sigma=1$ 且没有放电时,E_1 小于 100eV,因此对于扫描电镜来说,主要讨论的是 E_2 的作用[68](图 4-34)。

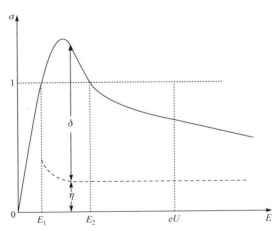

图 4-34　电子发射总量随初级电子能量的变化曲线

当扫描电镜电势为 2kV 时,正好介于 E_1 与 E_2 之间,$\sigma>1$,即单位时间发射

的背散射电子 η 及二次电子 δ 的数量大于照射试样的初级电子的数量。此时过多的发射电子使试样表面带有正的表面电势 U_S（约几伏特）。所有能量低于 eU_S 的二次电子重新回到试样中，因此电子的有效发射数量较低，显微照片的强度也较弱；而当扫描电镜电势为 30kV 时，$\sigma<1$，即进入试样的电子数量高于背散射电子及二次电子的数量，表面电势为负（约几千伏特），电子的有效发射数量较高，显微照片的强度也较高。

利用 TEM 对金刚石进行电子辐照后，会在晶体中产生大量的本征点缺陷，即间隙碳原子及空位。前面研究 II a 型金刚石时，发现 515.8nm 中心、533.5nm 中心及 580nm 中心都是由多个间隙原子团聚引起的。高能电子照射后，580nm 中心急剧减弱，这使光谱中的 533.5nm 中心成为仅次于 GR1 中心的第二强信号，因此认为 580nm 中心很可能是带负电的，而 533.5nm 中心很可能是中性的。高能电子照射后，在金刚石一定深度处累积的电子形成电场，580nm 中心的负电荷在库仑力作用下迁移出辐照区域，使辐照中心处强度急剧减弱；而 533.5nm 中心是中性的，在电场中不受库仑力的作用，故相对强度保持较高。

第5章 Ⅰ型金刚石辐照缺陷的光致发光与光致变色

5.1 引　　言

不管是天然金刚石，还是人造金刚石，氮都是最主要的杂质。金刚石中的取代氮原子，具有五个价电子，因此为晶胞提供了一个额外的电子，从而在禁带中形成一个施主能级，约在导带之下 1.7eV 处[10]。同时也使费米能级由接近禁带的中间位置向氮原子的基态位置移动，从而也改变了金刚石的电学性质及化学性质，使含氮金刚石呈黄色。

在 1.1 节中提到 Ⅰ 型金刚石中氮原子主要存在两种形式：一种是晶胞内只有一个取代氮原子，即以孤立的、单取代氮原子形式存在，记作 Ⅰb 型金刚石(孤立的、单取代氮原子主要存在两种电荷状态[69]，即正电荷 N_S^+ 与中性 N_S^0，但由于它们的激发态位于导带中，PL 光谱中没有它们对应的零声子线。而且氮原子半径较大，它占据点阵位置后会引起晶格畸变，在其邻近的位置处非常易于引入一个柔韧系数较高的空位，即形成 NV 中心。因此可以利用 NV^0 与 NV^- 的浓度来表征 Ⅰb 型金刚石的含氮量，PL 光谱中它们的零声子线分别位于 575nm 与 637nm 处。另一种是晶胞内含有多个取代氮原子的金刚石，记作 Ⅰa 型，其中两个取代氮原子团聚，即 A 型团聚时，记作 ⅠaA 型金刚石，A 型团聚的取代氮原子束缚一个空位，即 H3 中心(它位于 503.2nm 处，结构为 NVN，呈哑铃状[43])；三个取代氮原子束缚一个空位时，就形成了 N3 中心(415.6nm)[44]；而四个取代氮原子束缚一个空位时(B 型团聚)，记作 ⅠaB 型金刚石。

利用 EPR 光谱来测试金刚石的氮含量，但该测试只能测得中性取代氮原子 N_S^0 的浓度，而其他形式的氮原子，如 N_S^+、NV^0、NV^- 等都不能测出。一般来说，我们认为 N_S^0 浓度超过 15ppm 时为高氮含量，浓度在 1~15ppm 时为中等氮含量，低于 1ppm 时为低氮含量。

本章利用低温 PL 光谱研究氮掺杂金刚石经电子辐照后的光学中心，涉及一系列氮掺杂的金刚石试样。其中一种是含氮低于 10ppm 的 Ⅱa 型金刚石，还有一种是含氮约为几百 ppm 的高氮金刚石，其中有两个比较重要的试样，一个是由郑州中南杰特超硬材料有限公司提供的、Ni-Co 合金触媒合成的深黄色 HTHP 试样，记作 S1，根据颜色判断其含氮量约为几百 ppm。图 5-1 是试样 S1 辐照前在 488nm 激光激发、温度为 7K 时的典型 PL 光谱。由图可以观察到，辐照前试样 S1 中存在较强的 H3 中心(H3 中心的振动结构与一个能量约 42meV 的声子有关)及 NV 中心，这也说明该试样中含氮量很高。

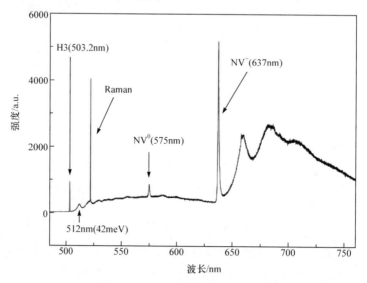

图 5-1 试样 S1 辐照前的典型 PL 光谱

试样 S1 经 300keV、$5×10^{19}$e·cm^{-2} 电子辐照后，在 488nm 激光激发、温度为 7K 时的典型 PL 光谱见图 5-2。除了 GR1 中心及 NV 中心，还观察到 523.7nm 中

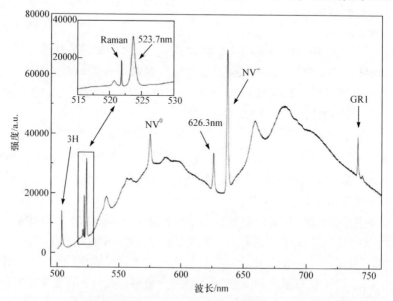

图 5-2 试样 S1 经电子辐照后的典型 PL 光谱

心及 626.3nm 中心，H3 中心被 3H 中心取代。

另一个是由 De Beers 公司提供的 HTHP 黄色试样，记作 S3，图 5-3 为该试样的阴极射线发光照片，其晶面指数及辐照区域编号均已标出。

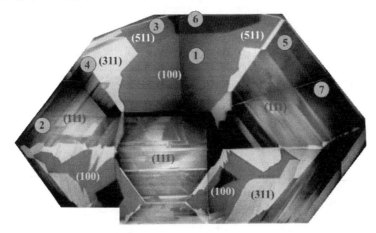

图 5-3　电子辐照试样 S3 的阴极射线发光照片（见彩图）

De Beers 公司提供的阴极射线发光结果报告中，(100) 晶面为蓝色、(311) 晶面为蓝白色、(511) 晶面为浅蓝色、(111) 晶面为黑黄色，这些与之前的研究结果比较一致[70,71]。试样 S3 在室温、300keV 下进行电子辐照，其中阴极射线发光报告显示辐照区域 6 位于 (100) 晶面，但根据其颜色判断该区域更可能是 (111) 晶面，但不管怎样，先称其为黑色区域。辐照区域 4 位于 (111) 晶面与 (311) 晶面的交界处，图 5-4 是区域 4 的阴极射线发光照片。

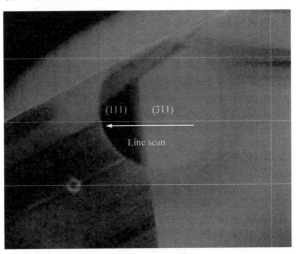

图 5-4　试样 S3 中区域 4 的阴极射线发光照片

按照图 5-4 上标出的线,在(311)晶面与(111)晶面交界处做线扫描 PL 光谱,扫描步长为 20μm,辐照区域的电子辐照剂量为 $5×10^{19} e·cm^{-2}$,见图 5-5。比较(311)晶面与(111)晶面处的光谱发现,GR1 中心在(311)晶面上强度较高,而 NV^- 中心与 NV^0 中心却在(111)晶面强度较高,且(111)晶面上 NV^- 与 NV^0 的强度比也较高。

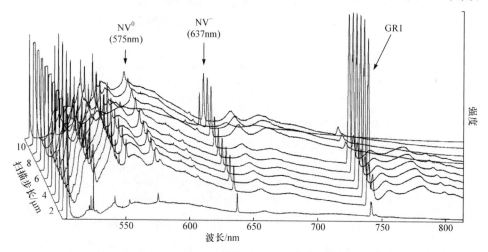

图 5-5　试样 S3 在 488nm 激光激发、温度为 7K 时的线扫描 PL 光谱

Burns 等发现杂质氮在金刚石不同晶面的分布是不同的,其中(111)晶面含氮量最高,其次是(110)、(311)及(100)晶面,如图 5-6 所示[57,72]。Kanda 认为

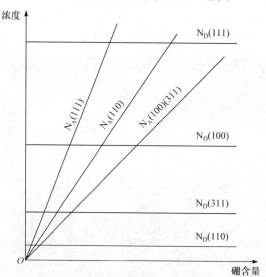

图 5-6　金刚石不同晶面上施主杂质氮与受主杂质硼的浓度

第5章 Ⅰ型金刚石辐照缺陷的光致发光与光致变色

Ⅰb型金刚石中含氮量为(111)晶面>(100)晶面>(311)晶面=(110)晶面=(511)晶面,其中(111)晶面与(100)晶面含氮较高,呈深黄色,而(311)、(110)及(511)晶面颜色很浅[75];研究发现Ⅰb型金刚石中(111)晶面含氮最高,其次是(311)、(100)、(511)晶面,详细内容见5.7节。

5.2 光学中心

对试样S3中辐照区域3、辐照区域4与辐照区域5进行选点扫描,即可得到金刚石(511)、(311)、(111)晶面,在488nm激光激发、温度为7K时的典型PL光谱,如图5-7所示。每个辐照区域的电子剂量都是相同的,为$5 \times 10^{19} \mathrm{e \cdot cm^{-2}}$。由图可以观察到电子辐照含氮金刚石中,存在许多氮相关的光学中心,与Ⅱa型金刚石的PL光谱相比,除了3H中心与GR1中心,还出现了NV中心(辐照前就存在)及523.7nm与626.3nm中心。

1. GR1中心

GR1中心的零声子线位于741nm处,随着氮含量的升高,中性空位V^0开始向负电荷空位V^-转化,或被取代氮原子所束缚,从而使GR1中心强度降低。事实上,当中性取代氮原子N_S^0浓度高达500ppm时,GR1信号已经很微弱了,但637nm处的NV^-中心强度却很高,这点可由图5-7看出。

2. 3H中心

在高氮金刚石中,也可以观察到3H中心(503.5nm),假如随着含氮量的升高,

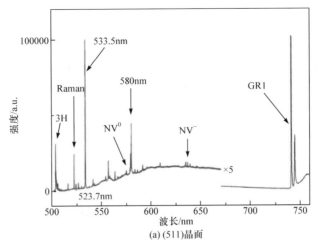

(a) (511)晶面

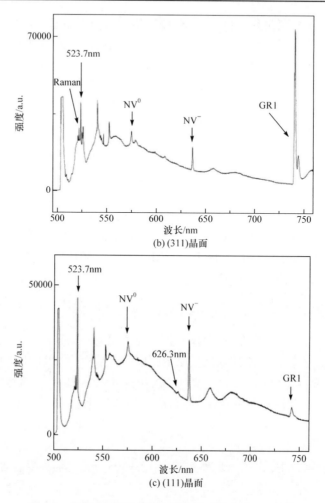

图 5-7 试样 S3 不同晶面电子辐照后的典型 PL 光谱

更多的间隙原子被取代氮原子所束缚，3H 中心应该越来越弱。但实际并非如此，随着氮含量的升高，3H 中心强度越来越高，可认为是因为施主电子的存在有利于 3H 中心的形成(图 5-7)。另外，515.8nm、533.5nm 与 580nm 等光学中心随着含氮量升高而消失，金刚石高氮区域处都观察不到这些光学中心，认为很可能是由间隙原子被大量取代氮原子束缚所引起的。

3. NV 中心

在氮掺杂金刚石的 PL 光谱中，一个非常重要的光学中心就是 NV 中心，主要存在 NV^0 与 NV^- 两种状态，零声子线分别位于 575nm 与 637nm 处。NV^- 中心基态位于导带之下 2.58eV 处，在波长可调激光器下研究时，发现当激光能量超过

2.58eV(激发波长低于480nm)时,NV⁻中心减弱,NV⁰中心增强[34]。而在325nm激光激发时只可以看到NV⁰中心,但观察不到NV⁻中心,这是因为NV⁻中心的负电荷在高于2.58eV的能量下激发时,会跃迁至导带中,发生离子化,使得NV⁻中心暂时地转化为NV⁰中心。

尽管普遍认为NV⁰中心的位置位于禁带中间附近,但其准确位置目前还不确定。随着金刚石中氮含量的升高,不仅NV中心的总量增加,而且NV⁻中心与NV⁰中心的比值也会增加。但电子辐照后NV中心一般都减弱,主要有两个原因:第一,电子辐照后形成了更多的缺陷中心与NV中心竞争激光的激发。在低氮试样中,GR1中心强度最高,而在中氮试样及高氮试样中,GR1中心较弱,3H中心强度较高。第二,辐照过程中产生的间隙原子能够与NV中心中的空位产生复合,从而降低了NV中心的浓度。

4. 523.7nm 中心与 626.3nm 中心

523.7nm 中心与 626.3nm 中心是HTHP含氮金刚石经电子辐照后常见的光学中心,伦敦国王学院的Collins等认为这两个中心是由氮-间隙原子复合缺陷引起的[74]。本章的研究重点之一就是利用PL光谱研究这两个中心,与Collins提供的吸收光谱结果进行比较。

Collins提供的吸收光谱是由Hilger Monospek 1000单色器获得的,上面加载了500nm光栅与EMI 9558光电倍增管,测试温度一般约为78K(液氮温度)[74],而PL光谱一般是由488nm激光激发获得的,测试温度一般为7K(液氦温度)。图5-8是实验中一些金刚石试样经电子辐照后的吸收光谱及PL光谱。其中图(a)是Collins提供的HTHP高氮金刚石经电子辐照(辐照电子能量与剂量分别为2meV、$10^{18}e \cdot cm^{-2}$)及250℃与400℃退火后的低温吸收光谱;图(b)是De Beers公司提供的HTHP高氮金刚石的低温PL光谱(利用TEM进行电子辐照,电压与辐照电子剂量分别为300kV、$5×10^{19}e \cdot cm^{-2}$);图(c)是De Beers公司提供的Ⅱa型CVD金刚石、CVD高氮金刚石及HTHP低氮金刚石的低温PL光谱(它们的辐照条件与图(b)试样相同)。

研究发现,523.7nm中心只在HTHP高氮金刚石中可以观察到,而在Ⅱa型CVD金刚石、HTHP低氮金刚石,以及含氮量高达50ppm的CVD高氮金刚石中却观察不到。图5-8(a)的吸收光谱中,523.7nm中心在250℃时退火消失,这说明该中心很可能是间隙原子相关的光学中心;图5-8(b)的PL光谱中,523.7nm中心伴随着宽且强的声子边带,却没有观察到局部振动模的存在,这说明该中心很可能是空位相关的光学中心。

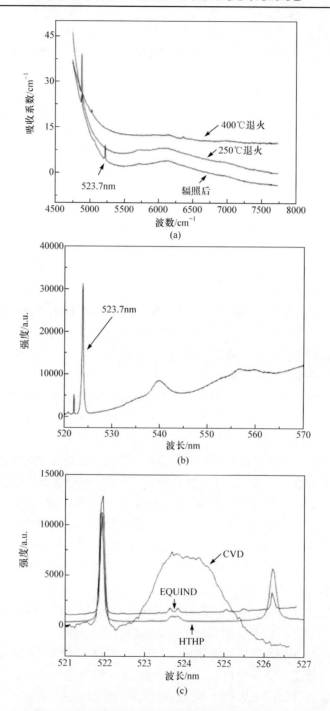

图 5-8 电子辐照部分金刚石的吸收光谱及 PL 光谱

5.3 紫外激光激发与光致变色

图 5-9 是试样 S1 与 S3 在 325nm 激光激发、温度为 7K 时两个典型的 PL 光谱，由图可以观察到试样 S1 中出现了一个强度很高的 389nm 中心，该中心被认为是由间隙碳原子与氮原子复合而成的[42]，因此随着氮含量的升高，一般 389nm 中心变强，而 TR12 中心却减弱。试样 S3 经紫外激光激发后，可以观察到 ND1 中心、N3 中心(415.6nm)、NV^0 中心、523.7nm 中心及 626.3nm 中心。

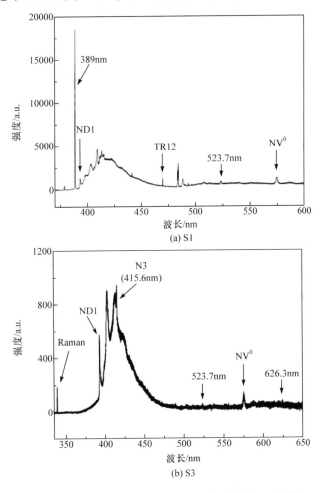

图 5-9　325nm 激光激发时金刚石试样的典型 PL 光谱

另外，高氮金刚石某些辐照点处可以观察到很强的 ND1 中心与 N3 中心

(图 5-10), ND1 中心振动结构与一个能量约 67meV 的声子有关,而 N3 中心振动结构除了与 67meV 声子有关,还与一个能量约为 42meV 的声子有关。

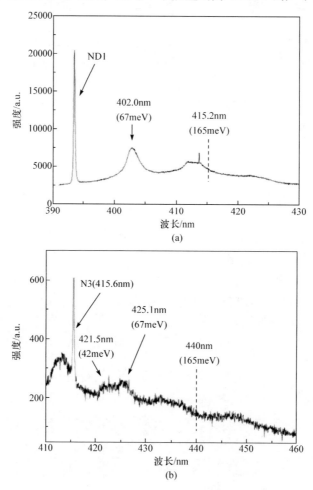

图 5-10 ND1 中心与 N3 中心的振动结构

含氮金刚石的光致变色与热致变色也是本章研究的重点之一。目前关于这方面的研究主要集中在空位相关的光学中心,如 GR1/ND1 中心[48]、H2/H3 中心[75]、NV^0/NV^- 中心[76]、SiV 中心[77]及 NVH^- 中心[78]等。而间隙原子相关中心的光致变色及热致变色不常见,之前的研究发现,3H 中心具有显著的光致变色现象[21],且发现 3H 中心的消去伴随着 TR12 中心的增强[79]。

液氮温度下利用 325nm 紫外激光、激光功率设置为 10%,照射辐照区域 3,照射时间为 10s(低氮(511)晶面,预先在 488nm 激光激发下选好需要紫外激光照射的区域,主要原则是光学中心强度分布比较一致,这样比较容易观察到紫外激光照射前后的变化),然后移至 488nm 激光显微镜下检测。图 5-11 是液氮温度下 488nm 激光激发时光学中心的强度分布情况,扫描步长为 $7\mu m \times 7\mu m$。

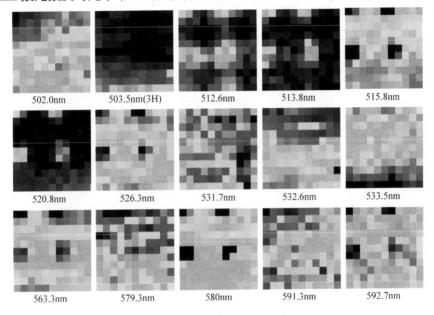

图 5-11 低氮金刚石辐照区域经紫外激光照射后光学中心的强度分布(见彩图)

前面研究中观察到 3H 中心、515.8nm 中心与 580nm 中心具有很强的局部振动模,它们很可能都是间隙原子相关的光学中心。紫外激光照射后,除了之前研究的 3H 中心被消去外[79],515.8nm、526.3nm、563.3nm、580nm 中心与 592.7nm 中心也都被消去,且伴随着 512.6nm、513.8nm 及 520.8nm 中心显著增强。而且这种光学中心的增强与减弱,可以持续很长时间(多于一年),且经过 330℃退火 30min 后仍然存在(该区域没有进行更高温度的退火研究)。

另取一个类似的低氮金刚石试样经相同电子辐照及 325nm 紫外激光照射后,继续退火研究,发现 800~950℃退火后,虽然 512.6nm 中心与 580nm 中心都被退火掉,但 515.8nm 中心与 3H 中心却又重新出现了,而且还发现紫外激光照射对 523.7nm 中心及 626.3nm 中心没有明显影响,即 523.7nm 中心与 626.3nm 中心不具备光致变色性质,这点与 Collins 提供的吸收光谱结果不同。

另外,Collins 利用吸收光谱(液氮温度)研究了两块天然 Ⅰb 型金刚石和一块人造金刚石,分别经 $1.4 \times 10^{18} e \cdot cm^{-2}$、2meV 电子辐照,结果表明 2.367eV 中心(523.7nm)与 1.979eV 中心(626.3nm)很可能是由杂质氮原子与间隙原子的复合缺陷引起的，其跃迁方式见图 5-12[72]。而且 Collins 还发现 523.7nm 中心在 2.9eV 光照后消失，伴随着 626.3nm 中心的增强；523.7nm 中心在 200℃退火消失，此时伴随着 488.9nm 中心的增强，因此他认为 523.7nm 中心与 626.3nm 中心及 488.9nm 中心存在某种关系[74, 80]。

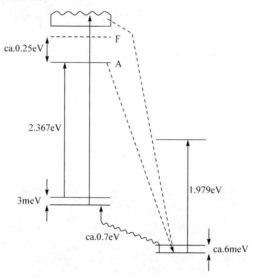

图 5-12　2.367eV 中心与 1.979eV 中心之间可能存在的关系

利用低温 PL 技术的面扫描光谱来研究 523.7nm 中心与 626.3nm 中心之间的关系，包括 325nm、488nm 及 514.5nm 激光激发时，但是并没有发现两者间存在任何可能的相关性。同样研究 523.7nm 中心与 488.9nm 中心的面扫描 PL 光谱，也没有发现两者存在任何可能的相关性。

325nm 激光激发的 PL 光谱中经常可以发现 484nm 中心(该中心被认为与镍相关[81])，且它在 488nm 附近存在非常强的振动结构，很容易与 488.9nm 中心混淆，见图 5-13。虽然 PL 结果没有发现 523.7nm 中心与 626.3nm 中心及 488.9nm 中心之间存在相关性(这点与 Collins 提供的吸收光谱结果不同)，但却发现 523.7nm 中心与 626.3nm 中心受 488nm 蓝光的功率影响较大。

图 5-14 是高氮 HTHP 金刚石中光学中心随着 488nm 激光功率的变化曲线，激光功率用 Raman 峰来表征。由图可以看出 3H(503.5nm)、523.7nm 及 626.3nm 中心随着激光功率的升高而减弱，且 626.3nm 中心减弱速率最快，而 NV-中心并没有明显变化。再次利用低功率检测同一辐照点时，发现 523.7nm 中心与 626.3nm 中心均恢复到之前的强度，而 3H 中心却没有恢复。200～300℃退火后，626.3nm 中心消失，而 523.7nm 中心对 488nm 激光功率的这种依赖性仍然可以观察到。

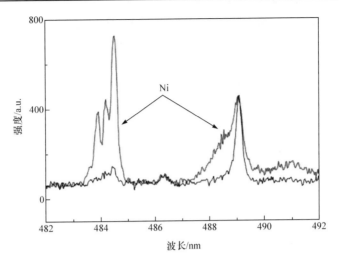

图 5-13 氮掺杂 HTHP 试样辐照后在 325nm 激光激发、温度为 7K 时的 PL 光谱

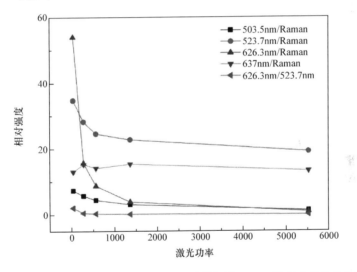

图 5-14 氮掺杂 HTHP 金刚石光学中心相对强度随 488nm 激光功率的变化曲线

5.4 退 火

研究高氮金刚石的退火特性,一般来说,当退火至 700℃时,两种状态的空位都可以移动,大量的取代氮原子就能够束缚这些移动的空位,形成 NV 复合中心,从而使 PL 光谱中 NV 信号很强。

我们选择一深黄色高氮金刚石(含氮约 800ppm),在其(111)晶面进行 250kV、

$5\times10^{19}\text{e}\cdot\text{cm}^{-2}$ 室温电子辐照,然后在 200~800℃ 范围进行退火,进而在液氮温度下利用 488nm 激光器来检测,图 5-15 是高氮金刚石退火后的一些典型 PL 光谱。由图可以观察到,光谱中主要存在 3H 中心与 NV 中心,以及 523.7nm 中心与 626.3nm 中心,而观察不到 GR1 中心。

1. GR1 中心与 3H 中心

含氮较低的试样在 300~500℃ 退火后,一般可以观察到 GR1 中心强度减弱,这很可能是由间隙原子移动至空位处发生复合引起的。700℃ 以后,空位就可以移动了,这使得辐照区域内 GR1 中心开始消失。而在高氮金刚石中,由于电子辐照引入的空位更多的是带负电的,光谱中的 GR1 信号很微弱,甚至观察不到。高氮试样中 3H 中心在 300℃ 附近退火时,仍然可以达到一个强度极大值,但是增长幅度不如超纯金刚石那样大。

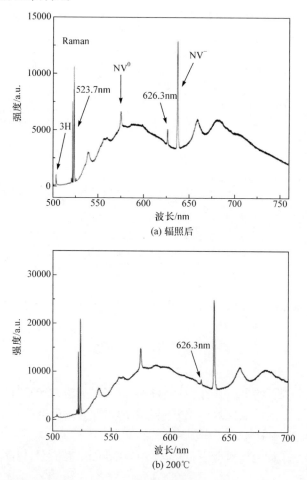

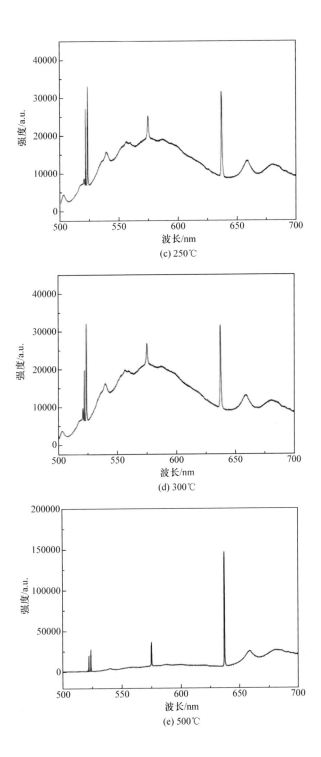

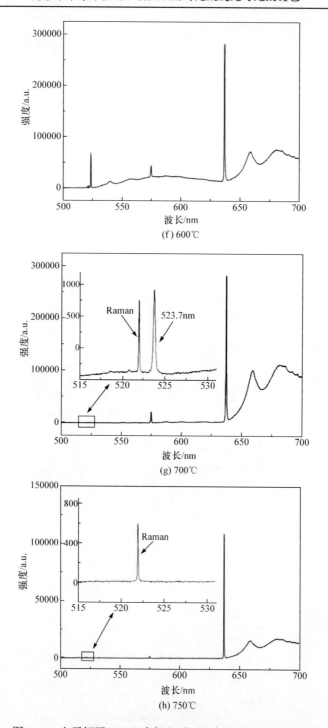

图 5-15 电子辐照 HTHP 高氮金刚石退火后的典型 PL 光谱

2. NV 中心

高温退火后，NV 中心浓度大幅度增加，NV 中心不同于其他光学中心，它是辐照之前金刚石生长过程中就存在的。当氮原子占据点阵位置后会引起晶格畸变（氮原子半径较大），而生长温度又不足以使氮原子形成 A 型或 B 型团聚时，就会在邻近的位置处引入一个空位，即形成 NV 中心。

NV 中心一般达到 1400℃时仍然很稳定[82]，关于取代氮原子束缚空位及间隙原子的研究也是研究的热点之一[83]。一般来说退火至 700℃时，两种电荷状态的空位都可以移动，大量的取代氮原子就能够束缚这些移动的空位，形成 NV 中心，从而使得 NV 浓度升高。高氮试样经 750℃退火后，NV 中心强度最高，可以观察到其低能部分的振动结构，见图 5-16。由图可以看出 NV 中心的振动结构主要涉及一个能量为 67meV 的声子，130meV 处声子模是该声子的第二序声子伴线，165meV 处可以观察到较为清晰的声子边界。

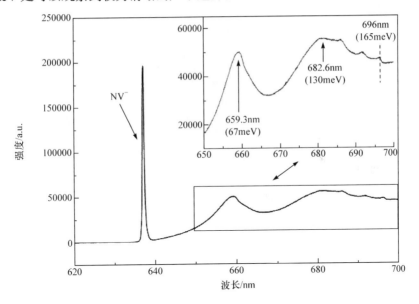

图 5-16　金刚石中 NV 中心的振动结构

3. 523.7nm 中心与 626.3nm 中心

利用 PL 光谱研究 HTHP 高氮金刚石的退火性能时，发现 626.3nm 中心在 200℃时减弱很多，250℃时退火消失，而 523.7nm 中心在 700℃退火后仍然存在（虽然非常微弱），直到 750℃退火后才完全消失。Collins 提供的吸收光谱中，626.3nm 中心在 250~300℃被退火掉[80]，与 PL 结果一致，而 523.7nm 中心在 250℃就消失了(图 5-8(a))，这点与 PL 光谱结果不同。

5.5 扫描电子显微镜

杂质氮在金刚石禁带中形成一个施主能级,它位于接近禁带的中间位置,其电导率仍然很小,这就意味着虽然氮掺杂金刚石具有一定的导电能力,但利用德国 Zeiss 扫描电镜的高速电子照射时,仍然会有部分电子存储在金刚石内部。图 5-17 是试样 S3 的一个扫描电镜照片,可以清晰地观察到(111)晶面与其他晶面的交界面,(311)、(511)及(100)晶面之间的交界面却观察不到。图中(100)晶面被 TEM 在辐照电子剂量为 $5\times10^{19}\text{e}\cdot\text{cm}^{-2}$、电压为 300kV 下进行电子辐照,并在 800℃下退火 30min,且该辐照区域的光致发光延伸出辐照区域约 200μm。该试样 (111)晶面在 488nm 激光激发、温度为 7K 时的 PL 光谱中会产生很强的 NV^0 中心,而经电子辐照及 800℃高温退火后,却可以观察到很强的 NV^- 中心(图 5-16)。

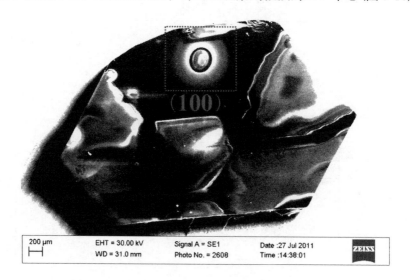

图 5-17　电子辐照含氮 HTHP 金刚石的扫描电镜照片

利用低温 PL 光谱研究该辐照区域,图 5-18 是该辐照区域在 488nm 激光激发、温度为 7K 时的一个典型 PL 光谱。由图可以看出,对于含氮较低的(100)晶面来说(相对于其他晶面),高温退火后,会观察到很强的 NV^0 中心,而 GR1 中心很微弱,这是因为高温退火时,空位可以自由移动至取代氮原子处被束缚。

图 5-18 中还有两点比较有趣的地方:一是可以清楚地观察到 NV^0 中心的振动结构,如图 5-19 所示,其振动主要涉及一个能量约 42meV 的声子;二是 90meV 处声子模认为是第二序声子伴线,且 165meV 处还可观察到清晰的声子边界。

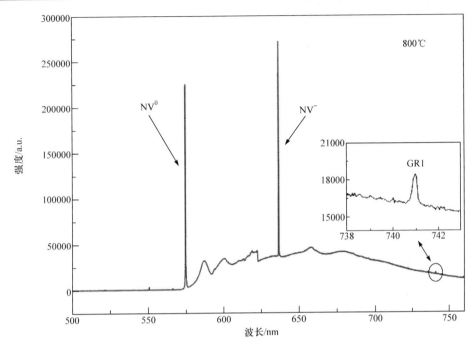

图 5-18 电子辐照含氮金刚石经高温退火与扫描电镜的典型 PL 光谱

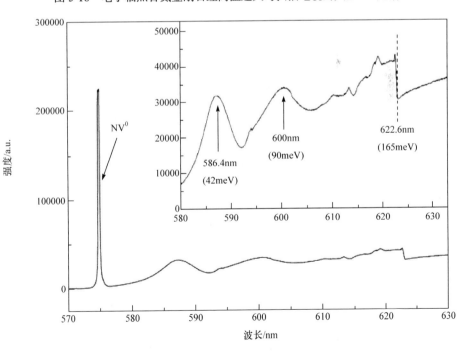

图 5-19 金刚石中 NV^0 中心的振动结构

为了探索扫描电镜照片中延伸出的辐照区域的发光机理，利用选点扫描比较了辐照中心及边界处的 PL 光谱，图 5-20 是辐照区域 1 中心处与边界处 488nm 激光激发、温度为 7K 时的典型 PL 光谱。由图可以看出，辐照中心处 3H 中心强度较高，而边缘处 H3 中心强度较高(H3 中心被认为是由一个空位与两个取代氮原子复合而成的[43])，因此认为延伸出辐照区域的光致发光很可能是由 H3 中心引起的。

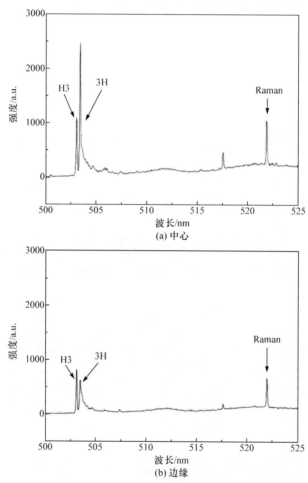

图 5-20 金刚石辐照区域中心处及边缘处的典型 PL 光谱

为了验证这一推论，在 488nm 激光激发下、温度为 7K 时对辐照区域做面扫描 PL 光谱，辐照区域 1 处 H3 中心与 3H 中心的强度分布如图 5-21 所示，其中扫描步长为 25μm×25μm。由图可以观察到，H3 中心在辐照区域边界处强度较高，而辐照区域中心处强度较低。可以认为高温退火后，多间隙碳原子团可以分解成许多小的间隙碳原子团(包括涉及两个间隙碳原子的 3H 中心),而空位扩散至边界处时,被 A 型团聚的取代氮原子所束缚形成了 H3 中心。

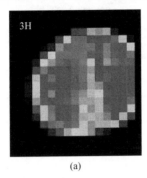
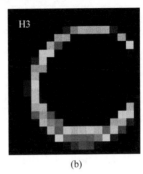

(a)　　　　　　　　　　　　(b)

图 5-21　488nm 激光激发、温度为 7K 时 3H 中心与 H3 中心的强度分布(见彩图)

5.6　杂质氮在晶体中的分布情况

纯净的金刚石是无色透明的,但杂质和缺陷的存在使得金刚石晶体呈现多种颜色。氮是天然金刚石和人造金刚石中最主要的杂质,它使得金刚石呈现黄色。另外,氮在金刚石中存在的形式及浓度都会影响晶体颜色的深浅。事实上,金刚石在晶体不同生长晶面上的浓度是不同的[73]。

对于Ⅰb 型金刚石来说,氮原子都是以孤立的单取代氮原子(N_S)形式存在的,它的浓度可以利用傅里叶变换红外吸收光谱测定。金刚石中 N_S 的浓度与 1130cm^{-1} 吸收峰的强度成正比,其数值可以通过测定红外光谱中 1130cm^{-1} 与 1344cm^{-1} 吸收峰的积分面积计算出。另外一种既方便又有效的方法就是 Woods 等提出的测定金刚石可见光吸收光谱中的 405nm 吸收峰[71]。N_S 浓度还可以利用 Chrenko 公式计算出:$N_S=25\mu_S$,其中 N_S 是单取代氮原子浓度(ppm),μ_S 是 1130cm^{-1} 吸收峰处的吸光系数(cm^{-1})。而 Woods 和 Lang 发现,N_S 浓度增加 22ppm,1130cm^{-1} 吸收峰处的吸光系数变化 1cm^{-1}。然而对于含氮量很低的Ⅱa 型金刚石来说,1130cm^{-1} 吸收峰非常弱,不能检测到,但可以通过检测 270nm 处很宽的吸收峰来计算[84]。270nm 峰处的吸光系数大约是 1130cm^{-1} 峰处的 45 倍。当然,金刚石中氮的含量影响了晶体黄色的深浅,这点已经被普遍接受,因此还可以通过比较金刚石黄色的深浅来判断金刚石不同晶面的含氮量。

在之前的研究中[85],PL 技术已经成功被用来研究Ⅱb 型金刚石中硼的分布情况。然而,由于 PL 光谱中没有两种电荷状态 N_S^0 与 N_S^+ 对应的发射峰[69],目前还没有利用 PL 光谱研究Ⅰb 型金刚石中氮分布情况的研究报道。幸运的是,Ⅰb 型金刚石中,氮原子都是以 N_S 形式存在的,且在其最近邻处经常会有一个空位存在，即 NV 中心。在 PL 光谱中可以在 575nm 和 637nm 处检测到两种电荷状态的 NV 中心。因此利用 NV 中心的强度可以比较 Ⅰb 型金刚石不同晶面上 N_S 的浓度，这点同样适用于Ⅱa 型金刚石。但是，对于Ⅱa 型金刚石来说，N_S 浓度非常低，杂质与空位缺陷浓度低使得 N_S 原子都是孤立存在的，因此利用高能辐照引入足够多的空位，并经过高温热处理后，空位可以自由移动至 N_S 处，这使得所有 N_S 都以 NV 形式存在。

金刚石在合成过程中掺入氮杂质，可以形成黄色的Ⅰa 型或Ⅰb 型金刚石，具有 n 型半导特性。N_S 含量越高，黄色越深。本书涉及 De Beers 公司提供的 HTHP 黄色试样 S3，其晶面指数均已标出，这样能够确保金刚石试样的生长环境是相同的，但不同晶面上氮含量是不同的。通过观察试样的颜色，发现(100)、(311)与(511)晶面都是浅黄色的，而(111)晶面是深黄色的，因此可以判断(111)晶面含氮量最高。利用傅里叶红外吸收光谱测试发现(111)晶面含氮量为几百个 ppm，而(311)晶面为几个 ppm，因此判断该晶体整体为Ⅰb 型金刚石。不同晶面具有不同的阴极射线发光特征，通过比较阴极射线发光光谱照片的颜色与亮度，可以区分出不同的晶面指数。图 5-22 为该试样的阴极射线发光照片，(100)晶面为蓝色、(311)晶面为蓝白色、(511)晶面为浅蓝色、(111)晶面为黑黄色。根据晶体外延生长的形貌，可以判定晶体表面以(111)晶面与(100)晶面为主，另外还存在一些(311)晶面与(511)晶面。

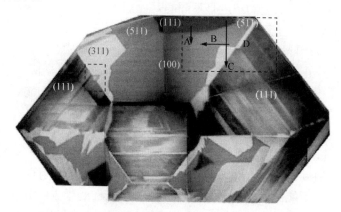

图 5-22 辐照前试样 S3 的阴极射线发光照片(见彩图)

不同晶面上 N_S 的浓度是不同的，但普遍认为(111)晶面是含氮最高的晶面。利用 488nm 与 325nm 激光激发，在温度 7K 下观察试样(111)晶面的 PL 光谱，见图 5-7。可以观察到光谱中存在非常弱的 H3 中心(503.2nm)，但没有 N3 中心(415.6nm)。这也说明该试样是Ⅰb 型金刚石。由于在 325nm 激光激发下，NV^- 中心发生离子化而被转化为 NV^0，我们主要利用 488nm 激光激发来研究Ⅰb 型金刚石不同晶面的氮含量。剖光后可利用阴极射线发光技术观察不同晶面的颜色，很多学者认为(110)晶面呈钢蓝色，(311)晶面呈蓝白色[57, 71]。图 5-22 中左侧长方形含有(111)、(100)及(311)三个晶面。图 5-23 是该区域(311)晶面与(111)晶面交界处，488nm 激光激发室温及低温时的 NV⁻ 信号分布。由图可以看出，(111)晶面含氮最高、(311)晶面含氮次之、(100)晶面含氮最低。

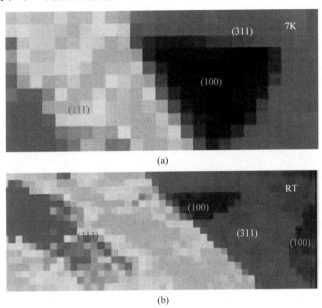

图 5-23　Ⅰb 型金刚石选定区域范围内 NV 中心的面扫描 PL 光谱(见彩图)

另外一个研究区域见图 5-22 右边区域,该区域包含很多交界的晶面,如(111)、(511)、(311)及(100)晶面,试样顶端的黑色的区域,阴极射线发光报告为(100)晶面,但根据其颜色看很可能是(111)晶面。在该辐照区域内,利用 488nm 激光激发,在温度 7K 时的线扫描光谱来研究氮在各个晶面的分布情况,线扫描 B 是由(511)晶面经(311)晶面进入(100)晶面,见图 5-24,由图可以看出(311)晶面含氮最高、(100)晶面次之、(511)晶面最低。

线扫描 A 由黑色区域进入(100)晶面,线扫描 C 是由黑色区域依次经(511)晶面、(311)晶面,最后进入(111)晶面,而线扫描 D 是由(111)晶面经(311)晶面进入(511)晶面。这些线扫描光谱中 NV⁻中心的强度剖面图见图 5-25,由图可以清晰地看出,(111)晶面含氮最高,其次是(311)晶面、(100)晶面、(511)晶面,这点与 Burns 等[57, 72]、Kanda[73]的结果略有不同(他们认为(100)晶面含氮量高于(311)晶面)。试样上黑色区域的含氮量高于(100)晶面,却低于(311)晶面,因此认为它既不是(100)晶面,也不是(111)晶面。

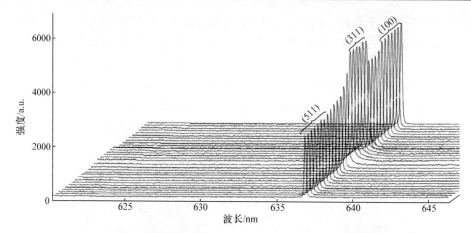

图 5-24　Ⅰb 型金刚石经过(511)、(311)与(100)晶面的线扫描 PL 光谱

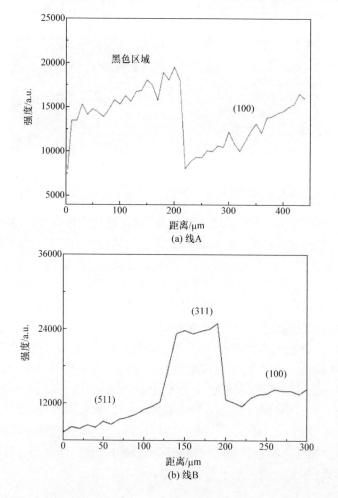

(a) 线A

(b) 线B

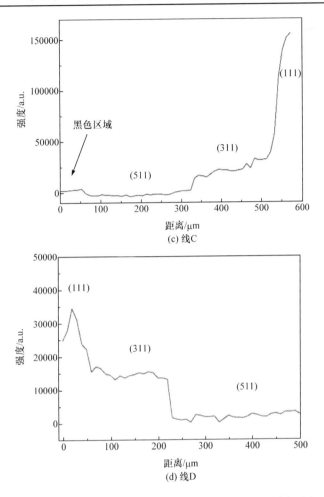

图 5-25　Ⅰb 型金刚石线扫描光谱中 NV⁻ 中心的强度剖面图

为了与 Woods 和 Burns 结果进行比较，本书的实验过程与他们的相同。选择的金刚石试样是高温高压合成的，整个晶体的生长过程是相同的，即碳原子在触媒中的扩散、在金刚石表面的沉积以及杂质掺入等环境都是相同的。因此，我们获得与 Woods、Burns 等不同的结果，很可能是金刚石生长的温度及速度不同引起的。晶体生长一般是多面体顶角和边缘处向中心位置晶面堆垛而成，生长过程中晶体顶角和边缘位置原子浓度较高，使得该位置晶体生长速度较快，而晶体表面中心位置生长速度较慢，更容易包覆杂质原子，最终使得(111)晶面杂质氮原子含量最高。另外，杂质氮原子之间的团聚主要依赖于退火温度和退火时间，Babich 等发现晶体生长速度越快，氮原子越易于团聚，因此晶体顶角和边缘处更容易产生氮原子的团聚[86]，这点由(111)晶面出现了 H3 中心也可证明。我们没有获得具体的公式来计算Ⅰb型金刚石各个晶面的含氮量,只是比较了不同晶面上含氮量的高低。图5-26是Ⅰb型金刚石不同晶面的PL光谱,其中Ⅱa型金刚石经过$5×10^{19} e·cm^{-2}$、300kV电子辐照后,并在950℃下退火30min。由图可知,含氮量越高,NV中心强度越高,NV^-与NV^0之比越大。这是因为施主原子氮为晶体贡献了电子,有利于负电荷NV^-的形成。另外,氮原子的掺入,使得晶体结构产生畸变和应力,这造成了NV中心半高宽随含氮量升高而变大。

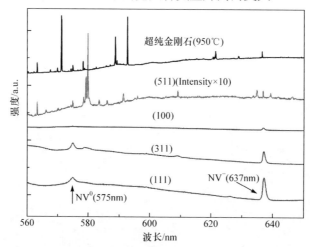

图5-26 不同含氮量金刚石中的NV^-中心

5.7 缺陷结构与电荷状态

5.7.1 3H中心

3H中心位于503.5nm(2.462eV)处,在几乎所有辐照金刚石的低温PL光谱及低温吸收光谱中都可以观察到,我们认为它是由两个邻近的间隙碳原子组成的,具体依据如下。

第一,3H中心具有四个很强的局部振动模和弱的振动耦合,说明该中心很可能是间隙原子相关的。

第二,Steeds教授发现电子辐照金刚石后会产生间隙原子和空位,在低剂量时3H中心伴随着GR1中心一起出现[21]。400℃退火后,3H中心消失,伴随着GR1中心的减弱。可以认为3H中心是间隙原子引起的,退火过程中间隙原子与空位发生复合,使得3H中消失,GR1中心减弱。

第三,3H中心是扩散出辐照区域最远的光学中心,即使是没有经过退火时也是如此,这说明该中心不可能是空位引起的(空位一般在650℃以上才可移动);

且如果是由间隙原子团聚而成的,那么团聚涉及的间隙原子数量一定很少。

第四,最有力的依据来自电子辐照含 ^{12}C 与 ^{13}C 约各 50%的金刚石。研究发现 3H 中心的最大声子模 552.5nm 峰分裂成三个峰,且两侧峰面积之和与中间峰面积近似相等,它们分别距离 3H 中心的零声子线 207.3meV、211.5meV、215.5meV,对应着 ^{12}C—^{12}C、^{12}C—^{13}C、^{13}C—^{13}C 三种结构,虽然这三个声子模与理论计算值有一定差别,但其中最高声子模与最低声子模比值接近理论值 $\sqrt{13/12}$,这有力地证明了 3H 中心是由两个间隙原子组成的。

另外,目前普遍认为 3H 中心是一个带有电荷的缺陷,一些研究单位认为其是带正电的[20, 54],这里我们提供一些最新的研究结果来证明 3H 中心是带负电的,主要依据如下。

第一,研究光学中心的扩散情况时,发现在所有的光学中心中,3H 中心扩散出辐照区域的位移最远,明显大于 533.5nm 中心、580nm 中心及 GR1 中心。可以认为 3H 中心带负电,其活化能最低;另外,由于 3H 中心带负电,那么在辐照过程形成的电场中,扩散位移更远。

第二,利用不同波长的激光研究电子辐照 IIa 型金刚石,488nm 激光激发时,可以观察到较强的 3H 中心;457.9nm 激光激发时,3H 中心减弱;而 325nm 激光激发时,3H 中心消失,可以认为 3H 中心的激发态位于接近导带位置,随着激光能量的升高,负电荷越来越容易发生离子化。

第三,不同含氮量试样中 3H 中心的浓度不同。在超纯金刚石中,即使 3H 中心的浓度在 $1\times10^{19} \sim 5\times10^{19}$ e·cm^{-2} 辐照电子剂量时提高很多,辐照产生的 3H 中心也非常有限;而 IIa 型金刚石、中氮及高氮试样中,辐照产生的 3H 中心强度逐渐升高,这说明施主电子的存在,有利于 3H 中心的形成,即 3H 中心很可能是带负电的。

第四,高氮与中氮试样在高于 300℃退火后,NV$^-$ 中心与 NV^0 中心的强度比升高,而 3H 中心强度降低,可以认为是由缺陷电荷的分解、重组或转移引起的。无论是什么机理,都可以认为退火过程中,3H 中心的负电荷转移给了 NV^0 中心,成为 NV$^-$ 中心。

第五,利用扫描电镜照射超纯金刚石辐照区域后,发现辐照区域中心处附近 3H 中心很弱甚至消失,这很可能是扫描电镜提供的高能电子在试样一定深度处存储,负电荷在此电场中发生了转移。

第六,Steeds 教授之前的研究结果表明辐照与退火的间隔时间对 3H 中心强度也有影响,其中一个试样是多年前电子辐照的,近期才退火处理,发现其强度低于近期的结果。这说明辐照过程与退火过程的间隔时间越短,3H 中心越强。可以认为辐照过程产生了束缚态的负电荷,退火有利于这些负电荷的释放。随着时间的延长，3H 中心的负电荷开始离开该中心，使得 3H 中心强度减弱。

当然，在超纯金刚石中，300℃退火后，3H 中心强度升高，这是因为辐照产生的负电荷重新分配而造成的。800～900℃高温退火后，3H 中心又重新出现，这是由于负电荷又重新回到该缺陷中心。

5.7.2 515.8nm、533.5nm 与 580nm 中心

这三个光学中心在电子辐照Ⅱa 型金刚石中普遍存在，它们都是由至少四个间隙原子组成的。533.5nm 中心很可能是中性的，而 515.8nm 中心与 580nm 中心很可能是带负电的，主要依据如下。

第一，它们均存在强且尖锐的局部振动模，其中 515.8nm 中心在 561.3nm 处存在一个局部振动模，533.5nm 中心在 579.3nm 处存在一个局部振动模；而 580nm 中心在声子边界之外存在许多局部振动模，这说明它们都是间隙原子相关的光学中心，且 515.8nm 中心的声子模 197meV 与四个间隙原子团缺陷的局部振动模的理论计算值接近(197.4meV)[54]，这说明 515.8nm 中心很可能是由四个间隙原子组成的，而其他两个光学中心很可能是由多于四个间隙原子组成的。

第二，在电子辐照含 ^{12}C 与 ^{13}C 约各 50%的试样中，这三个光学中心的局部振动模均发生偏移，而不是分裂，且局部振动模的迁移因子非常接近于多间隙原子相关的光学中心时局部振动模位移因子的理论计算值 $\sqrt{12.5/12}$。

第三，在光学中心扩散实验中，发现 533.5nm 中心严格地被局限在辐照区域内，而 515.8nm 中心与 580nm 中心迁移出辐照区域一段距离，这说明 515.8nm 中心与 580nm 中心的扩散活化能比较低，而 533.5nm 中心扩散比较困难。

第四，紫外激光照射后，533.5nm 中心几乎没有变化，而 515.8nm 中心与 580nm 中心被消去，高温退火后 515.8nm 中心重新出现，这点与 3H 中心的性质一样，因此认为 515.8nm 中心很可能是带负电的，紫外激光照射时负电荷被离子化，高温退火后，负电荷又重新返回到该缺陷中心。

第五，随着氮含量的升高，515.8nm、533.5nm 与 580nm 中心逐渐消失，很可能是间隙原子逐渐地被取代氮原子束缚造成的。

第六，电子辐照 Ⅱa 型金刚石经扫描电镜照射后，533.5nm 中心成为仅次于 GR1 中心的第二光学中心，而 580nm 中心与 515.8nm 中心强度很弱。因此，515.8nm 中心与 580nm 中心很可能是带负电荷的，扫描电镜在金刚石一定深度处累积的电子会形成电场，那么这两个光学中心的负电荷在库仑力的作用下发生转移，在辐照中心处强度降低；而 533.5nm 中心很可能是中性的，在电场中不受库仑力的作用，故相对强度保持较高。

第七，退火试样中，580nm 中心在 650℃时被退火掉，而 533.5nm 中心在 900℃

时才消失。GR1 中心一般在 650℃以后强度开始减弱，可以认为是空位的移动引起的，而间隙原子一般在 200~400℃下就可以移动了，因此认为 533.5nm 中心与 580nm 中心的消失很可能是由于间隙原子团的分解或电荷转移引起的。

5.7.3 523.7nm 中心与 626.3nm 中心

关于这两个中心的研究理论主要来自 Collins 教授多年前的一些吸收光谱结果[74, 80]。Collins 认为 2.367eV 中心与 1.979eV 中心很可能是由取代氮原子与间隙原子复合缺陷引起的，且随着氮含量的增加而增强[74]。而我们利用低温 PL 光谱研究发现，Ⅱa 型金刚石试样中可以观察到非常微弱的 523.7nm 中心，而高氮试样中该中心很强，且(111)晶面最强，(311)晶面次之，(511)晶面最弱，说明该中心随着含氮量的升高而增强，这点与吸收光谱结果相同，也证明了 523.7nm 中心很可能是与杂质氮相关的。PL 光谱研究 ^{15}N 掺杂试样时，同样也没有发现 523.7nm 中心发生位移，这点也与吸收光谱结果相同。

低温 PL 光谱与吸收光谱比较的其他结果如下。

第一，523.7nm 中心与 626.3nm 中心在 325nm、488nm 及 514.5nm 激光激发时的 PL 光谱中都能观察到，且紫外激光照射后，两中心均不能够被消去，说明不具备光致变色特性，这点与吸收光谱结果不同(吸收光谱中发现 523.7nm 中心在 2.9eV 照射后被消去[74])。

第二，研究 523.7nm 中心与 626.3nm 中心及 488.9nm 中心的面扫描 PL 光谱，并没有发现两者之间存在任何可能的相关性，这点与吸收光谱结果也不同(吸收光谱中发现 523.7nm 中心在 2.9eV 光照后消失，且伴随着 626.3nm 中心的增强；523.7nm 中心在 200℃被退火掉，伴随着 488.9nm 中心的增强[74])。

第三，应力可以使空位对应的零声子线发生分裂。PL 光谱研究试样同一辐照点处，GR1 中心发生分裂，说明此处为应力集中点，而 523.7nm 中心没有发生分裂，见图 5-27。即应力集中处 523.7nm 中心没有发生分裂，这说明 523.7nm 中心很可能是与间隙原子相关的光学中心(应力作用于柔韧性较高的空位时其零声子线会发生分裂，而作用于实心的间隙原子时却不会)。

第四，PL 光谱中 523.7nm 中心在 650℃退火后仍然存在，其零声子线之后观察到非常强且宽的声子边带，而没有观察到尖锐的、强度很高的局部振动模，因此认为 523.7nm 中心很可能是由空位引起的，这点与吸收光谱结果不同(吸收光谱中 523.7nm 中心在 250℃就消失了[78])。而 626.3nm 中心 250~300℃被退火掉，说明该中心很可能是与间隙原子相关的，这点与吸收光谱结果相同[74]。

第五，电子辐照超纯金刚石在退火前及较低温度退火时(低于 500℃)，可以观察到 523.7nm 中心(虽然很微弱)，这说明该中心很可能是氮-间隙原子复合缺陷引起的，因为间隙原子在辐照过程及低温退火时就可以自由移动，但由于试样中含氮很低，PL 光谱中 523.7nm 中心很微弱。

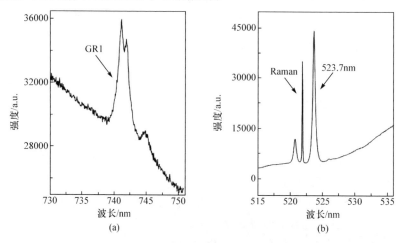

图 5-27　HTHP 试样局部应力处的 PL 光谱

第六，PL 光谱研究发现 523.7nm 中心与 626.3nm 中心受 488nm 蓝光的功率影响较大，两中心随着激光功率的升高而减弱，且 626.3nm 中心减弱速率更快。200~300℃退火后，626.3nm 中心消失，而 523.7nm 中心对 488nm 激光功率的这种依赖性仍然可以观察到。为了排除 488nm 激光对 488.9nm 中心的影响，改用 514.5nm 激光器研究该试样，发现 523.7nm 中心与 626.3nm 中心强度之比减弱（图 5-28），但对激光功率的依赖性是相同的。

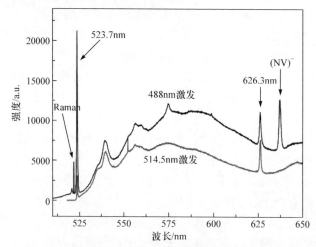

图 5-28　高氮金刚石在 488nm 与 514.5nm 激发时的典型 PL 光谱

另外，Collins 发现 523.7nm 中心在 6.5K 时被冷冻(液氮温度)[74]，而 PL 光谱一般都是在液氮下获得的，且都能观察到该中心。

5.8 NV 中心的相互转化

随着氮含量的升高，NV^- 中心浓度相对升高，这是因为大量 N_S^0 原子的存在，使得费米能级向导带移动，有利于形成 NV^- 中心，这点可由费米能级在禁带中的位置来解释。带电缺陷的相对比例主要依赖于这些缺陷的基态接近费米能级的程度。氮含量升高，费米能级开始远离 NV^0 中心及 GR1 中心的基态，而靠近 NV^- 中心及 ND1 中心的基态，因此，NV^- 中心浓度相对升高，这点可由图 5-7 看出(事实上，NV 缺陷与空位都存在中性及负电两种状态，均可用此理论来解释)。

光导法测得 N_S^0 原子的基态位于导带之下约 1.7eV 处[10]，因此室温下该中心被热离子化的概率可以忽略。Collins 教授提出一个模型，认为缺陷的电荷状态不是由费米能级的位置所决定的，而是由缺陷与 N_S^0 位置的接近程度所决定[87]。假设缺陷位于很接近 N_S^0 的位置处，那么就可以由 N_S^0 处获得一个电子，即形成负电荷缺陷，而 N_S^0 中心也开始带正电 N_S^+。同理，如果缺陷距离 N_S^0 很远，不能够从 N_S^0 处获得电子，因此只能维持为原来的状态。

Collins 模型可以解释本书实验中的许多结果。随着氮含量的升高，NV^- 中心浓度相对 NV^0 中心升高，可以解释为 NV^0 中心距离 N_S^0 原子位置足够近，可以由 N_S^0 原子获得一个电子。

同样，利用此模型还可以解释退火后 NV 中心的变化情况。高氮试样当退火至 750℃时，两种状态的空位都可以移动至取代氮原子处，形成 NV 中心，而高氮试样中，仍然存在大量的 N_S^0 原子，这样使得 NV^- 中心浓度显著地提高。

因此，要想使 NV^0 中心浓度增大，必须满足以下任意一条：NV^0 中心与 N_S^0 距离增大；V^0 向 N_S^0 迁移；V^- 向 N^+ 迁移。超纯金刚石中，950℃退火后，可观察到非常明显的 NV^0 中心(图 4-32)，可以认为此时金刚石中 N_S^0 原子含量低，NV^0 中心与 N_S^0 距离比较远，因此 NV^0 相对浓度较高。

我们还比较了超纯 CVD 金刚石、Ⅱa 型天然金刚石、低氮 HTHP 金刚石及高氮 HTHP 金刚石在高温退火后的 PL 光谱。超纯金刚石及Ⅱa 型金刚石中，含氮量最低，NV 中心非常微弱，而在高氮试样中可以观察到非常强的 NV 中心。在超纯金刚石中还可以观察到非常强的 733.0nm、571.2nm、563.3nm 及 592.7nm 中心，而随着氮含量的增加，这些中心逐渐减弱。另外，553.4nm 中心在几种金刚石中都能观察到，且强度非常接近。

第6章 Ⅱb型金刚石辐照缺陷的光致发光及光致变色

6.1 引　言

硼作为金刚石中最常见的受主原子，它位于金刚石的浅能级，可用作室温下的光电导材料。生长过程中硼在金刚石各个晶面的分布是不同的，一般认为(111)晶面含硼较高，(100)晶面含硼较低[57]。随着硼掺杂浓度的升高，材料的光致发光及阴极射线发光照片由蓝色变为绿色(由施主-受主对引起的发光[88])，而本身的颜色由浅入深，甚至黑色(图 6-1)，这就为研究金刚石中的硼分布提供了一些依据。Steeds 等利用 Raman 及二次离子质谱(SIMS)研究了 CVD 金刚石中的硼分布，发现低硼处 Raman 及 SIMS 信号都很弱，而高硼处两种信号都很强[85]。

图 6-1　硼掺杂金刚石晶面剖光后的照片

对于硼浓度高于 $10^{19}cm^{-3}$ 的金刚石来说，电子辐照后只能观察到很强的 GR1 中心，观察不到其他硼相关的光学中心。然而对于硼浓度为 $10^{17}\sim10^{19}cm^{-3}$ 的金刚石来说，电子辐照(能量高于 200keV)后可以观察到很多光学中心，这点目前很难解释[89,90]。利用辐照引入的点缺陷主要有间隙原子及空位两种，我们认为硼掺杂的金刚石中，最有可能存在带正电荷的空位[34]，很多其他研究组也得出相同的论断[27,36,91]，但是这些光学中心的跃迁能与理论计算值都不一致。

本章的主要工作是继续 Charles 的研究[92]，他利用 PL、阴极射线发光、扫描电镜、SIMS、TEM 等许多研究手段研究 CVD 金刚石的硼分布情况，电子辐照后低温时可以观察到很强的 666.0nm 中心,室温下退化为很强的 635.7nm 中心,但这些结果对测试点依赖性太强,且可重复性很差,即使是在同一个辐照区域内,不同点处的光谱变化也非常剧烈。而本书主要研究硼掺杂 HTHP 金刚石的光致发光,这是因为 HTHP 金刚石的同一个生长晶面内硼分布变化较小,且辐照产生的光学中心比较尖锐。本章利用近阈能电子辐照硼掺杂 HTHP 金刚石的低温 PL 光谱,研究这些光学中心对应的缺陷结构,以及其光致变色与热致变色性质。

实验主要涉及图 6-1 中间两个 HTHP 硼掺杂试样,由左至右含硼量分别约为 $10^{18}cm^{-3}$ 与 $10^{19}cm^{-3}$,而没有研究含硼约 $10^{20}cm^{-3}$ 的试样(最右边),以及含硼约 $10^{17}cm^{-3}$ 的试样(最左边);另外,还有一个是同位素 ^{11}B 掺杂的试样,用以验证光学中心的结构模型。电子辐照大部分都是在这些试样的(111)晶面进行的,它们辐照前在 488nm 激光激发时,PL 光谱中只有 Raman 峰,观察不到其他硼相关或氮相关的光学中心,但经电子辐照后,PL 光谱中出现了新的光学中心,其中最感兴趣的就是室温时 635.7nm 中心与低温时 666.0nm 中心。

利用 TEM 在深蓝色试样(111)晶面进行室温电子辐照(硼浓度约为 $10^{19}cm^{-3}$),辐照电子能量与剂量分别为 300keV、$2\times10^{20}e\cdot cm^{-2}$。图 6-2 是该辐照区域 488nm 激光激发、温度为 7K 时一个典型的 PL 光谱。

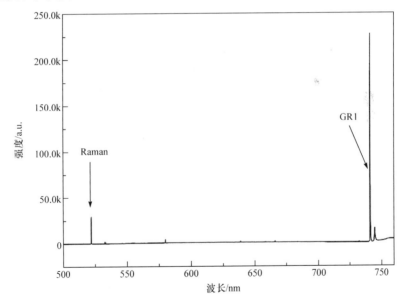

图 6-2 高剂量辐照掺硼试样的典型 PL 光谱

由图 6-2 看出,除了 GR1 中心,只能观察到很弱的 580nm 中心,将 500～740nm 范围光谱分割并放大至可以观察到其细节结构,如图 6-3 所示。其中 500～600nm

范围内 506.0nm、512.6nm、515.8nm、532.6nm、533.5nm、554.0nm、563.3nm、580nm 及 591.3nm 等光学中心在Ⅱa型金刚石电子辐照后的 PL 光谱中也可以观察到。

当然，对于硼掺杂的金刚石来说，我们更感兴趣的是 600~740nm 范围的 PL 光谱，因为这些光学中心在之前研究的 Ⅱa 型金刚石及氮掺杂金刚石(除 NV⁻中心外)中不存在或很弱，说明这些中心很可能都是与杂质硼相关的。该范围内光谱中存在很多光学中心，大致可以分为两类：一类是 635.7nm、648.1nm、732.3nm 及 666.0nm 中心，它们在几乎每个硼掺杂的 HTHP 试样中都能观察到；另一类是 628.4nm、638.9nm、651.3nm 及 658.6nm 中心，在 HTHP 含硼试样中有时能观察到，且有时在其他非硼掺杂 HTHP 试样中也能观察到。

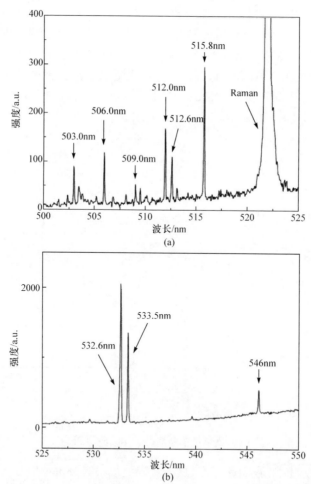

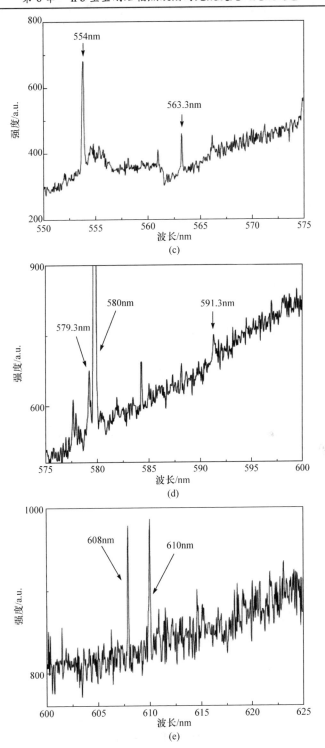

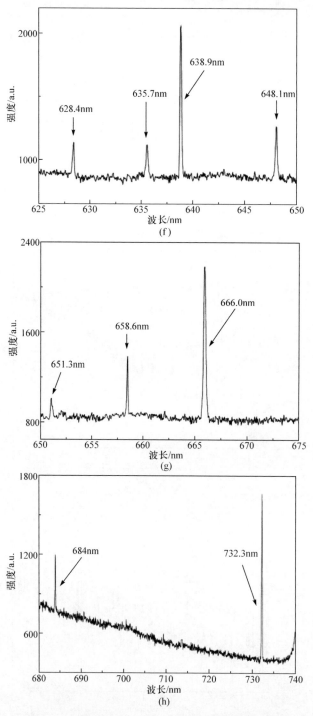

图 6-3 硼掺杂金刚石 500~740nm 范围的 PL 光谱

6.2 光学中心

硼掺杂 HTHP 金刚石中的这些光学中心不像氮掺杂金刚石那样,随着掺杂浓度升高而一直保持单调增强或减弱,它是在硼浓度过低或过高时,都不会观察到硼相关的光学中心,但这些光学中心却对测试温度具有较强的依赖性。图 6-4 是深蓝色试样在辐照电子能量与剂量分别为 300keV、2×10^{20}e·cm^{-2} 时进行室温电子辐照后,488nm 激光激发不同温度下得到的典型 PL 光谱(同一探测点,相同激光功率下)。

由图 6-4 可以看出,635.7nm 中心随着温度升高而变强,而 666.0nm、648.1nm 等其他光学中心却随之变弱,温度达到 200K 时退化消失,光谱中只剩下了很强的 635.7nm 中心及其振动结构。图中可以看出 635.7nm 中心振动主要涉及两个声子,一个能量约为 42meV,另一个能量约为 67meV。

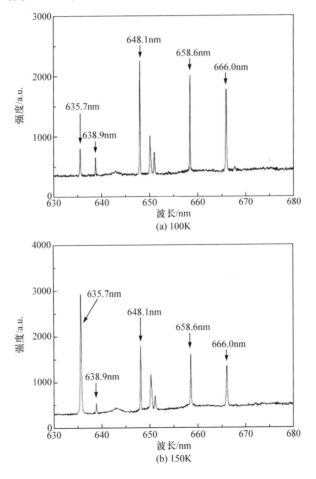

(a) 100K

(b) 150K

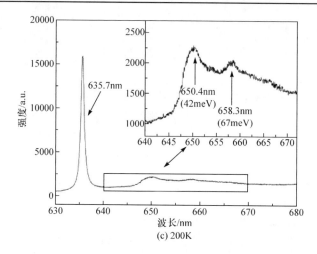

图 6-4 辐照硼掺杂金刚石不同温度下的典型 PL 光谱

另外，激光功率对硼掺杂金刚石中的光学中心强度影响也很大，如图 6-5 所示。其中激光功率用 Raman 峰强度来表示（为了将强度很高的 GR1 中心与其他较弱的光学中心在同一个图中表示出来，将 GR1 中心各个强度向下做了相同幅度的平移）。由图可以看出，随着激光功率的升高，666.0nm 中心与 635.7nm 中心强度减弱，而 GR1 中心先升高后减弱，648.1nm 中心几乎没有变化。

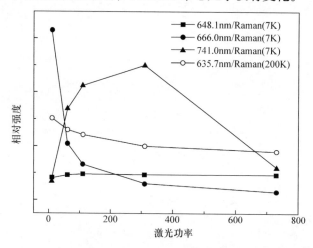

图 6-5 硼掺杂金刚石光学中心相对强度随激光功率的变化曲线

6.2.1　635.7nm 中心

635.7nm 中心随着激光功率升高而减弱，但随着温度升高而增强。该中心一般在 150～220K 时强度达到最高，且在室温时强度仍然很高，因此本章研究

635.7nm 中心一般都是室温下进行的。图 6-6 是 635.7nm 中心的反斯托克斯与斯托克斯振动结构,光谱是室温时 488nm 激光激发得到的。由图可看出 635.7nm 中心在低能处存在一个 650.4nm 发射峰,高能处存在一个 622.6nm 发射峰。622.6nm、635.7nm、650.4nm 发射峰分别对应能量为 1.9914eV、1.9504eV 及 1.9063eV,它们的能量差均约为 42meV,即 622.6nm 发射峰与 650.4nm 发射峰距离 635.7nm 中心的零声子线相同,因此它们分别为 635.7nm 中心的反斯托克斯振动模与斯托克斯振动模,参与振动的声子能量约为 42meV。这点可由式(6-1)进行验证[93]。

$$\frac{I_{AS}}{I_S} = \left(\frac{\omega_1 + \omega_p}{\omega_1 - \omega_p}\right)^4 \gamma e^{-\frac{\hbar\omega_p}{kT}} \tag{6-1}$$

其中,I_S 为斯托克斯信号的强度;I_{AS} 为反斯托克斯信号的强度;ω_1 及 ω_p 分别为激光与声子的频率;γ 为一个常数。$\ln(I_{AS}/I_S)$ 与温度 $1/T$ 的拟合曲线的斜率为声子能量,为 41~45meV[90]。

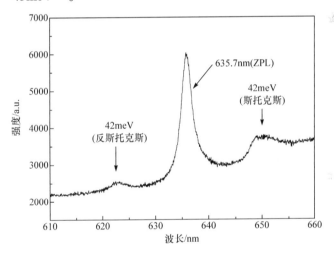

图 6-6 635.7nm 中心的反斯托克斯与斯托克斯振动结构

6.2.2 666.0nm 中心

666.0nm 中心在低温、低功率时最强,图 6-7 是该中心的振动结构,光谱是在 488nm 激光激发、温度为 7K、1%功率时得到的。由图可以看出,666.0nm 中心的振动主要涉及两个声子:一个能量约为 42meV,另一个约为 67meV。与室温下 635.7nm 中心具有相同的声子耦合,这种非常相似的振动结构,说明这两个中心很可能是由同一缺陷中心引起的。700nm 处声子模与 714.6nm 处声子模分别是 42meV 声子的第二序与第三序声子伴线,且在离开零声子线 165meV 的 731nm 处附近还可观察到较为清晰的声子传播边界。

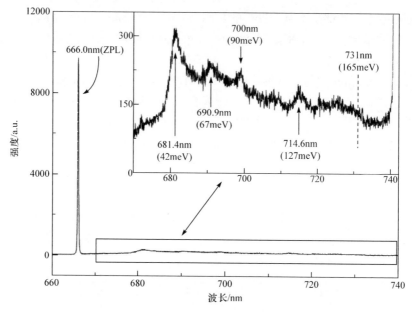

图 6-7　666.0nm 中心的振动结构

6.2.3　648.1nm 中心

648.1nm 中心是硼掺杂 HTHP 及 CVD 金刚石电子辐照后经常能观察到的，这说明该中心与辐照产生的间隙原子或空位相关。图 6-8 是 648.1nm 中心的振动

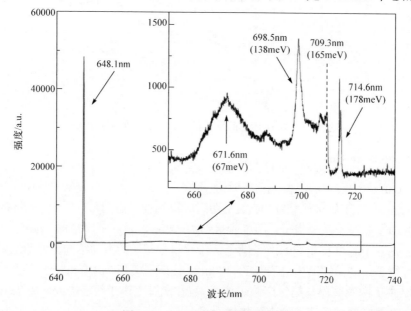

图 6-8　648.1nm 中心的振动结构

结构，光谱是在 488nm 激光激发、温度为 7K 时获得的。由图可以看出，648.1nm 中心在低能部分 671.6nm、698.5nm 及 714.6nm 处都存在发射峰，其中 671.6nm 处与 698.5nm 处发射峰分别距离 648.1nm 中心的零声子线约 67meV 与 138meV，这说明该中心的振动与一个能量约为 67meV 的声子有关，且 698.5nm 处发光峰为该声子的第二序声子伴线，但没有发现 42meV 声子相关的振动结构；另外，由图还可以观察到清晰的声子边界(165meV 处)，而 714.6nm 峰离开 648.1nm 中心的零声子线 178meV，这是 648.1nm 中心的一个局部振动模，这说明 648.1nm 中心很可能是间隙原子相关的。

6.2.4 其他光学中心

GR1 中心虽然在前面的章节中已经研究过，但其性能在硼掺杂的金刚石中有所不同。GR1 中心由于 Jahn-Teller 效应存在两个发射峰[31](741nm 与 745nm)，其振动结构有两个重叠的结构组成，一个声子边界位于 165meV 处，另一个位于稍高的能量处。732.3nm 中心对检测的位置有很强的依赖性，这很可能是杂质引起的，Yelisseyev 等认为它很可能是由镍-氮原子复合而成的，且缺陷结构中只有一个氮原子[94]。另外，在 HTHP 硼掺杂金刚石中，还可以观察到 628.4nm、638.9nm、651.3nm 及 658.6nm 中心，它们很可能是由 HTHP 生长过程中使用的过渡金属触媒引起的缺陷中心[34, 95]。

6.3 光致变色及热致变色

325nm 近紫外激光激发时，它的激发能量比较高，比较有利于研究 500nm 以下波长的光学中心，如 ND1、TR12 等；而对于硼掺杂的金刚石来说，我们更感兴趣的是 600~740nm 波长范围的光学中心，但是 325nm 激光激发得到的 PL 光谱中这个波段的强度几乎是个常数，不利于研究激光功率等因素对光致发光的影响；另外，325nm 激光激发得到的 PL 光谱中，远波长处光学中心的校正误差较大，这使得光学中心偏离原来的位置，因此这里的光学中心都是参照 488nm 激光激发时的数据标记的。图 6-9 是深蓝色试样电子辐照后在 325nm 激光激发、温度为 7K 时的典型 PL 光谱，最明显的是 666.0nm 中心偏移至 664.4nm 处。

然而，更感兴趣的是硼掺杂 HTHP 金刚石(含硼 $10^{17}\sim 5\times 10^{18}cm^{-3}$)的光致变色与热致变色效应，这点在含硼高于 $10^{19}cm^{-3}$ 的 CVD 试样中却观察不到。液氮温度利用 325nm 紫外激光照射辐照区域(高硼(111)晶面，300keV、$2\times 10^{20}e\cdot cm^{-2}$ 电子辐照，并预先在 488nm 激光激发下选好需要紫外激光照射的区域，主要原则是 GR1 中心强度分布比较一致，这样比较容易观察到紫外激光照射前后的变化)，然后移至 488nm 激光显微镜下检测。

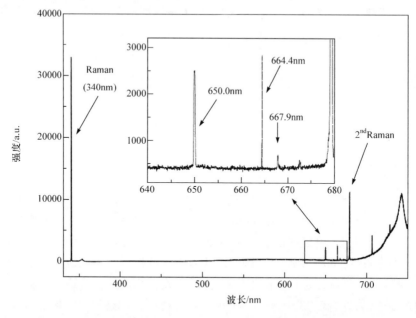

图 6-9　电子辐照高硼掺杂金刚石在 325nm 激光激发时的典型 PL 光谱

对比紫外激光照射前后光谱的变化，图 6-10 是液氦温度下紫外激光照射 3min 后与照射前 488nm 激光激发、温度为 7K 时的典型 PL 光谱，图(a)是紫外激光照射点；图(b)是未经紫外激光照射。对比两图可以发现紫外激光照射后，666.0nm 中心与 648.1nm 中心强度明显增大，而 667.7nm 中心强度明显减弱，其他光学中心强度变化不是很明显。

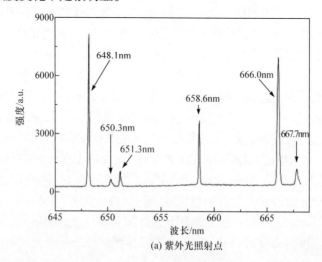

(a) 紫外光照射点

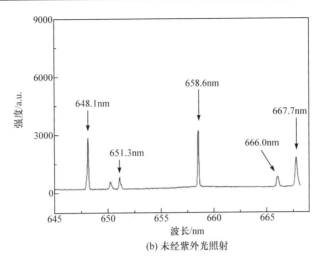

(b) 未经紫外光照射

图 6-10　硼掺杂 HTHP 金刚石紫外激光照射前后的典型 PL 光谱

图 6-11 是液氦温度下辐照区域经 325nm 紫外激光照射 3min 后，488nm 激光激发、温度为 7K 时光学中心的强度分布。由图可以看出，648.1nm 中心与 666.0nm 中心显著增强，而 650.3nm 中心与 667.7nm 中心显著减弱，但 651.3nm 中心及 658.6nm 中心没有明显变化，不具有光致变色性质。

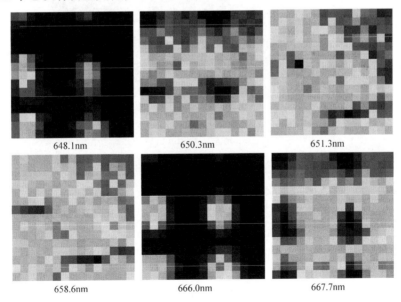

图 6-11　紫外激光照射 3min 后 488nm 激光激发、温度为 7K 时光学中心的强度分布（见彩图）

当温度升至室温时，488nm 激光激发的 PL 光谱中大部分光学中心退化消失，只剩下 GR1 中心与 635.7nm 中心。室温 488nm 激光检测上面经紫外激光照射 3min 后的辐照区域，图 6-12 是 635.7nm 中心的强度分布。由图可以看出，紫外激光照射后 635.7nm 中心显著增强。635.7nm 中心与 666.0nm 中心具有相同的振动耦合，它们很可能是来自同一个缺陷中心，记作 DB1 中心[90]。同样，650.3nm 中心与 667.7nm 中心随温度的变化规律与 DB1 中心类似，667.7nm 中心在低温时强度较高，而 650.3nm 在 100~130K 时强度最高，但超过 200K 就退化消失了；而且两者也具有相同的振动耦合（由于研究试样中，两中心都很弱，只参照了 Steeds 多年前的测试结果），因此也被认为是来自同一缺陷中心，记作 DB2 中心[90]。多数试样中 DB2 中心很弱，这就为研究电子剂量等参数的影响带来了困难。

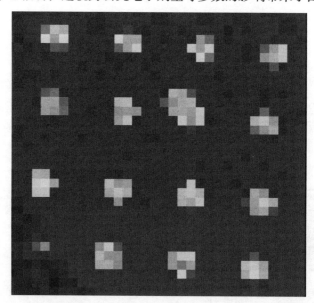

图 6-12　紫外激光照射 3min 后 635.7nm 中心的强度分布（见彩图）

最初，一直认为 DB1 中心是来自一个带正电荷的空位[90]，主要是因为 DB1 中心随着电子剂量增加而线性增强，所以认为其是由一个间隙原子、空位或杂质原子等简单缺陷引起的。研究 ^{11}B 掺杂的试样时，并没有发现 DB1 中心发生位移或分裂，说明该中心很可能与硼原子无关，而是由本征缺陷引起的；该中心还具有很强的振动耦合，但没有观察到局部振动模，说明该中心很可能与空位有关的。研究硼掺杂 HTHP 金刚石时，发现辐照区域经紫外激光照射后，DB1 中心增强的同时，伴随着 GR1 中心的减弱，见图 6-13，扫描步长为 10μm[90]。因此认为紫外激光照射后，GR1 中心转化为 DB1 中心。假设紫外激光照射后，中性空位被离子化，即 $V^0 \rightarrow V^+ + e^-$，也就是说 DB1 中心很可能是由一个带正电的空位引起的。

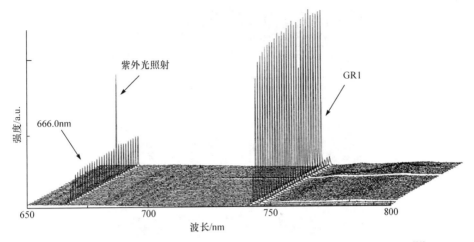

图 6-13 电子辐照硼掺杂 HTHP 金刚石经紫外激光照射后的线扫描光谱[90]

然而近期的研究发现，大部分硼掺杂 HTHP 金刚石经紫外激光照射后，DB1 中心增强的同时，并没有发现 GR1 中心的减弱，因此就不能推断出 DB1 中心是带正电的空位引起的。研究 DB1 中心的退火性能时发现，DB1 中心在 200℃就被退火掉，而一般认为空位在 650℃以上才可以移动，这说明该中心更可能是间隙原子引起的（如图 6-14 所示，666.0nm 中心在 200℃被退火掉；当然，室温时也可以发现 635.7nm 中心也被退火掉。PL 光谱线扫描步长为 5μm）。

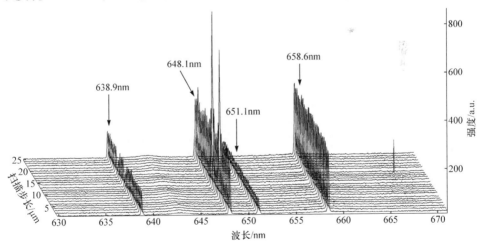

图 6-14 电子辐照硼掺杂 HTHP 金刚石经 200℃退火后的线扫描光谱

200℃退火后，我们再次利用 325nm 激光在液氦温度下照射该辐照区域 3min，然后利用 488nm 激光进行检测，又可以观察到这种光致变色现象（如图 6-15 所示，室温 488nm 激光激发时 635.7nm 中心的强度分布图，线扫描光谱步长为 5μm）。

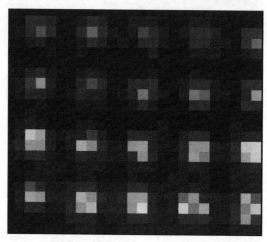

图 6-15　200℃退火与紫外激光照射 3min 后 635.7nm 中心的强度分布（见彩图）

进一步研究 250～300keV、$10^{19}e \cdot cm^{-2}$ 低电子剂量辐照时，引入的光致变色现象。图 6-16 是能量为 280keV、$10^{19}e \cdot cm^{-2}$ 电子剂量辐照硼掺杂 HTHP 金刚石后 488nm 激光激发、温度为 7K 时的一个典型 PL 光谱。图中 620～680nm 范围内只观察到了 635.7nm 中心与 666.0nm 中心，不存在其他之前研究的光学中心。低剂量时的光致变色研究，均是以液氦温度、488nm 激光激发得到的 666.0nm 中心为例进行的。

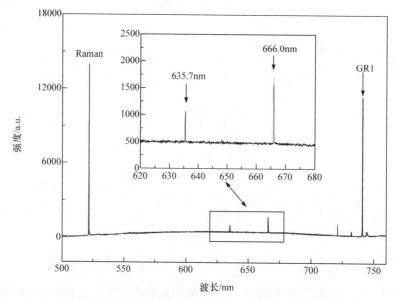

图 6-16　低剂量辐照掺硼 HTHP 试样的典型 PL 光谱

图 6-17 是液氦温度下紫外激光照射辐照区域 10min、5min、2min 及 30s 后，

488nm 激光激发、温度为 7K 时 666.0nm 中心的强度分布。由图可以看出,照射 10min、5min、2min 时都可观察到较为明显的光致变色现象,而减少至 30s 时光致变色效应消失。但不管怎样,在低电子剂量辐照时利用紫外激光照射仍然可观察到光致变色。

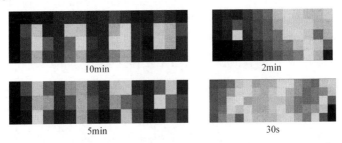

图 6-17 低温紫外激光照射后 666.0nm 中心的光致变色效应(见彩图)

另外,我们还研究了室温时利用紫外激光照射辐照区域的情况,但研究发现这种情况下的光致变色效应比较微弱。图 6-18 是室温下紫外激光照射 2min 后,488nm 激光激发、室温时 635.7nm 中心的强度分布情况,可以看出此时 635.7nm 中心仍然具有光致变色性质,但是很弱(图 6-19 是线扫描光谱中 635.7nm 中心的强度剖面图,由图可以较为清楚地观察到光致变色现象)。

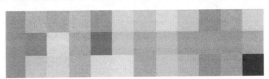

图 6-18 室温紫外激光照射 2min 后 635.7nm 中心的光致变色效应(见彩图)

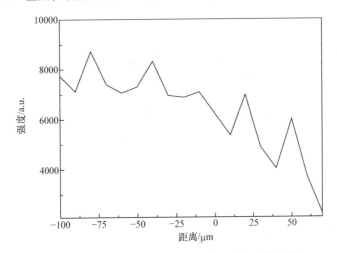

图 6-19 线扫描光谱中 635.7nm 中心的强度剖面图

6.4 扫描电子显微镜

硼掺杂的金刚石属于 p 型半导体，具有较强的导电能力，因此利用扫描电子显微镜的高速电子照射时，不会在金刚石内部存储电子。图 6-20 是高硼掺杂深蓝色 HTHP 金刚石试样的扫描电镜照片，图中标记处可看到试样表面有一系列白色点阵，这很可能是由于紫外激光照射后 DB1 中心增强造成的。

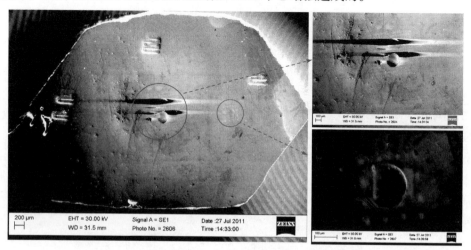

图 6-20　电子辐照高硼掺杂深蓝色 HTHP 金刚石试样的扫描电镜照片

图 6-21 是中等硼掺杂蓝色 HTHP 金刚石试样的扫描电镜照片，可以观察到 2keV 电子照射时辐照区域为黑色，而 30keV 电子照射时，辐照区域为明亮色，这点与超纯金刚石中观察到的现象相同。

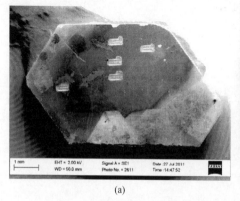
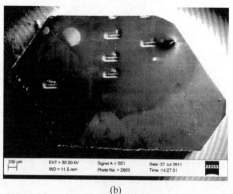

(a)　　　　　　　　　　　　　　(b)

图 6-21　电子辐照硼掺杂蓝色 HTHP 金刚石试样的扫描电镜照片

这里主要研究的是图 6-21 中直径较大的辐照区域，因为该区域包含三个晶面，即(111)、(311)及(100)晶面，见图 6-22。

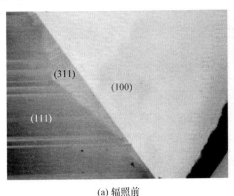
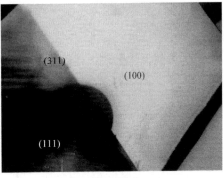

(a) 辐照前　　　　　　　　　　　　　　(b) 辐照后

图 6-22　蓝色硼掺杂 HTHP 金刚石较大辐照区域的阴极射线发光照片（见彩图）

对于硼掺杂金刚石来说，Burns 认为(111)晶面含硼最多，(311)晶面与(100)晶面含硼基本相同[57,72]。图 6-23 是 488nm 激光激发、温度为 7K 时经过该辐照区域的线扫描光谱（曾被 500℃退火 30min）。由图中可以清晰地看出光学中心在三个晶面的分布是不同的，648.1nm 中心在(311)晶面最强、(100)晶面次之、(111)晶面最弱；533.5nm 中心只在(100)晶面观察到，其他两个晶面上却观察不到；GR1 中心在(100)晶面最强、(311)晶面次之、(111)晶面最弱，说明(111)晶面杂质含量最多，但由于该试样中不仅还有杂质硼，还有较高浓度的杂质氮，我们不能比较(100)晶面与(311)晶面的杂质浓度。当然光谱中还存在其他很弱的光学中心，如 638.9nm、732.3nm 及 651.0nm 中心，及 500~600nm 范围内的一些光学中心。

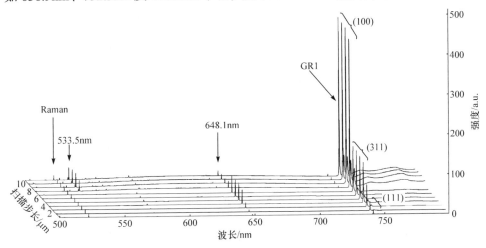

图 6-23　硼掺杂金刚石含三个晶面的辐照区域在 488nm 激光激发、温度为 7K 时的线扫描光谱

6.5 缺陷结构模型

6.5.1 635.7nm/666.0nm 中心（DB1 中心）

首先，认为 635.7nm/666.0nm 中心来自同一缺陷中心的不同激发态，记作 DB1 中心，主要依据有：第一，666.0nm 中心在低温时强度最高，而室温时退化为强度很高的 635.7nm 中心；第二，两中心具有相同振动耦合，都与 42meV 与 67meV 两声子相关；第三，Steeds 教授多年前研究 $\ln(I_{635.7nm}/I_{666.0nm}) \sim 1/T$ 曲线拟合得到的声子跃迁能，正好约等于两中心的能差 90meV，因此认为 666.0nm 中心对应低温时能量较低的激发态，635.7nm 中心对应室温时能量较高的激发态[85]。635.7nm 中心在室温时仍然存在，强度甚至超过 GR1 中心，而 666.0nm 中心低温时最强、室温时消失，说明 666.0nm 中心远离价带与导带，很可能位于禁带中间位置。当然，两中心也存在一些不同之处，如室温时 635.7nm 中心在 622.5nm 处可以观察到反斯托克斯振动模，而低温时 666.0nm 中心却观察不到。

Steeds 教授研究发现低电子剂量辐照时 DB1 中心随着电子剂量线性增强[90]，因此认为 DB1 中心是由一个间隙原子、空位或杂质硼原子等简单缺陷引起的，而研究 ^{11}B 掺杂的试样时，发现 DB1 中心没有发生偏移或分裂，说明该中心很可能与硼原子无关，而是由本征缺陷引起的。

其次，我们一直认为 DB1 中心是正电荷空位引起的[90]，主要依据有：第一，DB1 中心具有很强的振动耦合，而没有观察到局部振动模，说明它的柔韧系数很大，因此很可能是空位相关的；第二，利用紫外激光照射硼掺杂 HTHP 金刚石辐照区域时，发现 DB1 中心增强，伴随着 GR1 中心的减弱，因此认为紫外激光照射后，GR1 中心转化为 DB1 中心。假设紫外激光照射后，中性空位被离子化，则 $V^0 \rightarrow V^+ + e^-$，因此认为 DB1 很可能是由一个带正电的空位引起的。

最后，近期研究发现很多硼掺杂 HTHP 金刚石紫外激光照射后，DB1 中心增强，但没有发现 GR1 中心的减弱，这就对最初的结论提出质疑。而且还有一些结果显示 DB1 中心很可能是间隙原子相关的光学中心，主要有：第一，DB1 中心迁移出辐照区域很大距离（图 6-24 是电子辐照硼掺杂蓝色 HTHP 金刚石在 488nm 激光激发、温度为 7K 时得到的 648.1nm 中心与 666.0nm 中心的强度分布情况），而 GR1 中心与过渡金属相关中心却没有观察到。一般认为过渡金属直径较大，几乎不会移动至辐照区域外，而空位在 650℃以后才会移动，因此 DB1 中心很有可能是间隙原子组成的；第二，DB1 中心在 200℃被退火掉，这点与间隙原子相关的光学中心性质更相近；第三，DB1 中心也不符合正电荷空位的理论计算值[27]。

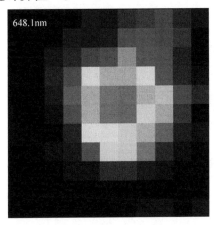 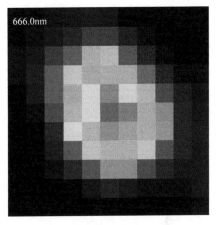

图 6-24　硼掺杂蓝色 HTHP 金刚石 648.1nm 中心与 666.0nm 中心的强度分布（见彩图）

6.5.2　648.1nm 中心

648.1nm 中心在低电子剂量辐照时也是随着电子剂量线性增强的[90]，一般认为它是由一个简单的点缺陷引起的，如间隙原子、空位或杂质原子。再有该中心在 714.6nm 处存在一个非常强且尖锐的局部振动模，因此认为它很可能与间隙原子相关。研究 ^{11}B 掺杂试样时，发现该中心局部振动模发生位移[92]，这说明该中心结构中可能存在硼原子；Warwick 大学利用非等轴应力研究，发现该中心很可能是由硼-间隙原子复合而成的[96]。然而该中心在 500℃退火 30min 后仍然存在，说明该中心也可能是空位相关的。

6.6　光致变色与热致变色

光致变色与热致变色现象可以在电子辐照 10^{17}~10^{19}cm^{-3} 硼掺杂 HTHP 金刚石中发现，而在含硼高于 10^{19}cm^{-3} 的试样中却观察不到。室温或液氮温度下利用 325nm 近紫外激光照射辐照区域后，再移至 488nm 激光显微镜下检测，发现 DB1 中心显著增强（液氮温度下 666.0nm 中心显著增强，室温时转化为显著增强的 635.7nm 中心）；另外，低温时还可以观察到 648.1nm 中心也具有显著的光致变色效应。一般来说，利用 325nm 激光、液氮温度下照射 3~5min 后均可观察到显著的光致变色效应。当然照射时间越长、激光功率越高，光致变色效应越显著。本书发现在 250~300kV 电压、5×10^{19}~2×10^{10}e·cm^{-2} 电子剂量下进行电子辐照，都能引起光致变色效应。当然，我们也研究了室温下的光致变色效应，即室温下利用 325nm 紫外激光照射辐照区域，但发现此时的光致变色效应比较微弱。

紫外激光照射后，光学中心的这种增强或减弱可以在室温下保持很多年，但在 200℃退火 30min 后，DB1 中心消失，即光致变色效应消失；再次经 325nm 激光照射后，DB1 中心被重新引入，即光致变色效应再现。这种紫外激光照射后光学中心的增强或减弱、退火后光学中心的消失、紫外激光照射后再次增强或减弱，被称为光致变色与热致变色。

第7章 总 结

本书采用透射电镜近阈能辐照技术，对Ⅱa型、Ⅰa型、Ⅰb型、Ⅱb型等多种金刚石进行电子辐照以形成孤立的本征缺陷，通过研究PL光谱中光学中心的振动光谱、扩散情况，以及应力、杂质、紫外激光照射对光学中心强度与分裂情况的影响，结合同位素辅助技术，阐明金刚石光学中心对应的缺陷结构及电荷状态，并揭示其光致变色机理，主要结论如下。

(1) 3H中心在几乎所有辐照金刚石的PL光谱及吸收光谱中都可以观察到，本书中很多结果都证明它是由两个邻近的间隙碳原子组成的。3H中心具有很强的局部振动模和弱的振动耦合；在低电子剂量辐照时，3H中心伴随着GR1中心一起出现；3H中心在350℃被退火掉；最有力的依据来自电子辐照含^{12}C与^{13}C各50%的金刚石，3H中心的最大声子模分裂成三个，分别对应着^{12}C—^{12}C、^{12}C—^{13}C、^{13}C—^{13}C三种结构。另外很多结果也证明3H中心是带负电的，例如，3H中心是迁移出辐照区域最远的，其迁移能最低；随着激光能量的升高而减弱，激发能量越高，3H中心越易被离子化；随着氮含量升高而增强，说明施主电子的存在有利于3H中心的形成；高于300℃退火后，NV^-/NV^0强度比升高，而3H中心减弱，退火过程中，3H中心的负电荷转移给了NV^0中心；扫描电镜照射后，观察不到3H中心；辐照与退火的间隔时间越长，3H中心强度越低，辐照过程产生了束缚态的负电荷，随着时间的延长，3H中心的负电荷被释放。

(2) 515.8nm、533.5nm及580nm中心在电子辐照超纯金刚石的PL光谱中都能观察到，且随着含氮量升高而逐渐消失，这是由多个间隙原子团聚而成的，主要依据有：它们都可观察到局部振动模的存在；研究含^{12}C与^{13}C约各占50%的试样发现，它们各自的局部振动模没有发生分裂而是发生偏移，其位移因子接近多个间隙原子缺陷的理论值$\sqrt{12.5/12}$；533.5nm中心几乎完全被限制在辐照区域内，515.8nm与580nm中心迁移出辐照区域一段距离；紫外激光照射后，533.5nm中心没有变化，而515.8nm中心与580nm中心被消去；扫描电镜照射后，515.8nm中心与580nm中心强度急剧减弱，而533.5nm中心没有变化，因此认为515.8nm中心与580nm中心很可能是带负电荷的，迁移能小，紫外激光照射后被离子化，且在扫描电镜形成的电场使负电荷发生了转移，而533.5nm中心很可能是中性的，迁移能较大，紫外激光照射及扫描电镜后没有变化。

(3) 523.7nm中心与626.3nm中心只在HTHP高氮金刚石中可以观察到，而在含氮量高达 50ppm 的 CVD 金刚石、超纯 CVD 金刚石、低氮 HTHP 金刚石中却观察不到，且随着含氮量升高，这两个中心增强。吸收光谱与 PL 光谱都证明 626.3nm 中心很可能是氮-间隙原子复合缺陷引起的，而关于 523.7nm 中心，本书没有得出明确的结论，Collins 提供的吸收光谱表明 523.7nm 也是间隙原子相关的，而 PL 光谱结果很复杂，例如，应力集中处，523.7nm 中心没有发生分裂，说明该中心很可能是间隙原子引起的；但 700℃退火后该中心仍然存在，且没有观察到其局部振动模，说明该中心可能是空位相关的。

(4) NV 中心是高氮 I 型金刚石中常见的光学中心，主要存在中性与负电荷两种，575nm 处 NV^0 与 637nm 处 NV^- 随着含氮量的升高而增强。但电子辐照后 NV 中心却变弱，主要是因为电子辐照后形成了很多缺陷中心，与 NV 中心竞争激光的激发，且辐照产生的间隙原子与 NV 中心中的空位还可以发生复合。高温退火后，空位可以自由移动至取代氮原子处，形成 NV 中心，且试样含氮量越高，NV^- 浓度相对 NV^0 升高，认为它们的浓度是由 NV^0 与 N_S^0 之间的距离决定的。高氮试样中 N_S^0 浓度高，NV^0 与 N_S^0 位置很接近，因此 NV^0 可由 N_S^0 处获得一个电子，那么就形成了 NV^- 中心，而 N_S 变为 N_S^+。反之，低氮试样中 NV^0 距离 N_S^0 很远，不能从 N_S^0 处获得电子，因此只能维持中性状态。

(5) 杂质氮在 I b 型金刚石各个晶面的分布是不同的，研究发现(111)晶面含氮最高，其次是(311)晶面、(100)晶面、(511)晶面，这点与之前的结果略有不同（之前认为(100)晶面含氮量高于(311)晶面）。阴极射线发光照片中(100)晶面为蓝色、(311)晶面为蓝白色、(511)晶面为浅蓝色、(111)晶面为黑黄色。试样是高温高压合成的，整个晶体的生长过程是相同的，即碳原子在触媒中的扩散、在金刚石表面的沉积以及杂质掺入等环境都是相同的。因此认为该结果很可能是金刚石生长温度及速度不同引起的。晶体生长一般是由多面体顶角和边缘处向中心位置晶面堆垛而成，生长过程中晶体顶角和边缘位置原子浓度较高，这使该位置晶体生长速度较快，而晶体表面中心位置生长速度较慢，更容易包覆杂质原子，最终使(111)晶面杂质氮原子含量最高；另外，杂质氮原子之间的团聚主要依赖于退火温度和退火时间，晶体生长速度越快，氮原子越易于团聚，因此晶体顶角和边缘处更容易产生氮原子的团聚。

(6) 666.0nm/635.7nm 中心是电子辐照硼掺杂金刚石后产生的，其中 666.0nm 中心在低温时强度最高，而 635.7nm 中心在室温时强度较高，研究 $\ln(I_{635.7nm}/I_{666.0nm}) \sim 1/T$ 拟合曲线得到的声子跃迁能，约等于两中心的能差，且两中心具有相同的振动耦合，因此认为 635.7nm/666.0nm 中心是来自同一个缺陷中心，记作 DB1 中心。之前研究发现低电子剂量辐照时该中心随着电子剂量线性增强，因此认为其是由一个间隙原子、空位或杂质硼原子等简单的缺陷引起的；而研究 ^{11}B

掺杂的试样时,没有发现 DB1 中心发生偏移或分裂,说明该中心很可能与硼原子无关,而是由本征缺陷引起的。最初一直认为 DB1 中心是正电荷空位引起的,主要依据是:DB1 中心具有很强的振动耦合,而没有观察到局部振动模,这说明该中心很可能是空位相关的;紫外激光照射后,DB1 中心增强伴随着 GR1 中心的减弱,这是中性空位被离子化,即 $V^0 \rightarrow V^+ + e^-$,因此 DB1 中心很可能是由一个带正电的空位引起的。但近期发现紫外激光照射后 DB1 中心增强没有伴随着 GR1 中心的减弱,这就对最初的结论提出质疑。而且还有一些结果显示 DB1 中心很可能是间隙原子相关的光学中心,如迁移出辐照区域很大距离、200℃被退火掉等。

(7) 一般来说,液氮温度下紫外激光照射低氮及硼掺杂金刚石辐照区域 3~5min 后均可观察到显著的光致变色现象。低氮金刚石中,紫外激光照射后,515.8nm 中心与 580nm 中心消失,伴随着 512.6nm 中心的增强;而含硼金刚石经紫外激光照射后,DB1 中心与 648.1nm 中心的增强,伴随着 DB2 中心的减弱。当然,照射时间越长、激光功率越高,光致变色效应越显著,且这种效应在室温下可保持很多年。但低氮试样经 340℃退火后光致变色仍然存在,800~950℃退火后,虽然 512.6nm 中心与 580nm 中心都被退火掉,但 515.8nm 中心与 3H 中心却又重新出现了;硼掺杂试样的光致变色效应在 200℃退火后消失,但再次经紫外激光照射后,DB1 中心又被重新引入,即光致发光再现。

(8) 仅涉及一个空位的光学中心,都没有观察到其局部振动模,而是具有很强的振动耦合,且中性的 GR1、NV^0 及 H3 中心的振动与一个能量约为 42meV 的声子有关,而负电荷的 ND1 及 NV^- 中心的振动与一个能量约为 67meV 的声子有关,DB1 中心的振动与这两个声子有关。

参 考 文 献

[1] Kaiser W, Bond W L. Nitrogen, a major impurity in common type I diamond. Physical Review, 1959, 115: 857-863.

[2] Davies G. The effect of nitrogen impurity on the annealing of irradiation damage in diamond. Journal of Physics C: Solid State Physics, 1972, 5: 2534-2542.

[3] Evans G A. Characterisation of point defects in SiC by microscopic optical spectroscopy. Bristol: University of Bristol, 2002.

[4] Hayes J M. Raman scattering in GaN, AlN and AlGaN: Basic material properties, processing and devices. Bristol: University of Bristol, 2002.

[5] Mort J, Kuhman D, Machonkin M, et al. Boron doping of diamond thin films. Applied Physics Letters, 1989, 55:1121-1123.

[6] Sakaguchi I, Gamo M N, Kikuchi Y, et al. Sulfur: A donor dopant for n-type diamond semiconductors. Physical Review B, 1999, 60: R2139-R2141.

[7] Nesladek M, Meykens K, Haenen K, et al. Low-temperature spectroscopic study of n-type diamond. Physical Review B, 1999, 59: 14852-14855.

[8] Gheeraert E, Koizumi S, Teraji T, et al. Electronic transitions of electrons bound to phosphorus donors in diamond. Solid State Communications, 2000, 113: 577-580.

[9] Garrido J A, Nebel C E, Stutzman M. Electrical and optical measurements of CVD diamond doped with sulfur. Physical Review B, 2002, 65:165409.

[10] Vermeulen L A, Farrer R G. Diamond and Research. London: Industrial Diamond and Information Buraeu, 1975: 18-23.

[11] Bundy L A. Diamond synthesis with non-conventional catalyst-solvents. Nature, 1973, 241: 116-118.

[12] Burns R C, Davies G J. Growth of synthetic diamond//Field J E. Properties of Natural and Synthetic Diamond. London: Academic London Press, 1992: 395-422.

[13] Bachmann P K, Leers D, Lydtin H. Towards a general concept of diamond chemical vapour deposition. Diamond and Related Materials, 1991, 1: 1-12.

[14] Clark C D, Ditchburn R W, Dyer H B. The absorption spectra of natural and irradiated clamonds. Proceedings of the Royal Society A, 1956, 234: 363-381.

[15] 马利秋, 马红安, 肖宏宇, 等. 添加剂硼对合成Ⅰb型宝石级金刚石单晶的影响. 科学通报, 2010, 55(6): 418-421.

[16] 何雪梅. 天然金刚石的红外光谱特征及其分类. 地质与勘探, 2000, 36(4): 45-47.

[17] 钟志亲. 6H-SiC的辐照效应研究[博士学位论文]. 成都: 四川大学, 2007.

[18] Crookes K. On the action of radium emanations on diamond. Proceedings of the Royal Society A, 1904, 74: 47-49.

[19] Campbell B, Mainwood A. Radiation damage of diamond by electron and gamma irradiation. Physica Status Solidi (a), 2000, 181: 99-107.

[20] Vlasov I I, Khmelnitskii R A, Khomich A V, et al. Experimental evidence for charge state of 3H defect in diamond. Physica Status Solidi (a), 2003, 199: 103-107.

[21] Steeds J W, Davis T J, Charles S J, et al. 3H luminescence in electron-irradiated diamond samples and its relationship to self-interstitials. Diamond and Related Materials, 1999, 8: 1947-1852.

[22] Kittel C. Introduction to Solid State Physics. 7th ed. New York: Wiley, 1986.

[23] Blakemore J S. Solid State Physics. 2nd ed. Cambridge: Cambridge University Press, 1993.

[24] Koike J, Parkin D M, Mitchell T E. Displacement threshold energy of type IIa diamond. Applied Physics letters, 1992, 60: 1450-1452.

[25] Bourgoin J C, Lannoo M. Point defects in semiconductors II: Theoretical Aspects. Berlin: Springer, 1981.

[26] Kanaya K, Okayama S. Penetration and energy-loss theory of electrons in solid targets. Journal of Physics D: Applied Physics, 1972, 5: 43-58.

[27] Mainwood A, Stoneham A M. Stability of electronic states of the vacancy in diamond. Journal of Physics: Condensed Matter, 1997, 9: 2453-2464.

[28] Coulson C A, Larkins F P. Isolated single vacancy in diamond - I. Electronic structure. Journal of Physics and Chemistry of Solids, 1971, 32: 2245-2257.

[29] Davies G, Campbell B, Mainwood A, et al. Interstitials, vacancies and impurities in diamond. Physica Status Solidi (a), 2001, 186: 187-198.

[30] Brueur S J, Briddon P R. Ab initio investigation of the native defects in diamond and self-diffusion. Physical Review B, 1995, 51: 6984-6994.

[31] Lannoo M, Stoneham A M. The optical absorption of neutral vacancy in diamond. Journal of Physics and Chemistry of Solids, 1968, 29: 1987-2000.

[32] Davies G. The Jahn-Teller effect and vibronic coupling at deep level in diamond. Reports on Progress in Physics, 1981, 44: 787-830.

[33] Isoya J, Kanda H, Uchida Y, et al. EPR identification of the negatively charged vacancy in diamond. Physical Review B, 1992, 45: 1436-1469.

[34] Steeds J W, Charles S J, Davies J, et al. Photoluminescence microscopy of TEM irradiated diamond. Diamond and Related Materials, 2000, 9: 397-403.

[35] Davies G. Charge states of the vacancy in diamond. Nature, 1977, 269: 498-500.

[36] Newton M E, Campbell B A, Anthony T R, et al. Properties and identification of the positively charged vacancy in diamond. Proceedings of the 51st Diamond Conference, 2001.

[37] Davies G, Smith H, Kanda H. Self-interstitial in diamond. Physical Review B, 2000, 62(3): 1528-1531.

[38] Hunt D C, Twitchen D J, Newton M E, et al. Identification of the neutral carbon (100) split interstitial in diamond. Physical Review B, 2000, 61(6): 3863-3876.

[39] Goss J P, Jones R, Shaw T D, et al, First principles study of the self-interstitial in diamond. Physica Status Solidi (a), 2001, 186: 215-220.

[40] Wotherspoon A. An investigation of electron irradiated type IIa and N-doped CVD diamonds by microscopic photoluminescence (PL) spectroscopy. Bristol: University of Bristol, 2003.

[41] Mita Y. Change of absorption spectra in type-Ib diamond with heavy neutron irradiation. Physical Review B, 1996, 53: 11360-11364.

[42] Collins A T, Woods G S. Isotope shifts of nitrogen-related localized mode vibrations in diamond. Journal of Physics C: Solid State Physics, 1987, 20: L797-L801.

[43] Davies G, Nazaré M H, Hamer M F. The H3 (2.463 eV) vibronicband in diamond: Uniaxial stress effects and the breakdown of mirror symmetry. Proceedings of the Royal Society of London A, 1976, 351: 245-265.

[44] Davies G. Vibronic spectra in diamond. Journal of Physics C: Solid State Physics, 1974, 7: 3797-3809.

[45] Van Wyk J A. Carbon-12 hyperfine interaction of the unique carbon of the P2(ESR) or N3 (optical) centreindiamond. Journal of Physics C: Solid State Physics, 1982, 15: L981-L983.

[46] Burgemeister E A, Ammerlaan C A, Davies G. Thermal and optical measurements on vacancy in type IIa diamond. Journal of Physics C: SolidState Physics, 1980, 13: 2691-2696.

[47] Pankove J I. Optical processes in semiconductors. Englewood: Prentice Hall, 1971.

[48] Walker J. Optical absorption and luminescence in diamond. Reports on Progress in Physics, 1979, 42: 1605-1659.

[49] Sturge M D. Jahn-Teller effect in the $^4T_{2g}$ excited state of V^{2+} in MgO. Physical Review B, 1965, 140: 880-891.

[50] Davis T. Electron irradiated induced photoluminescence of diamond. Bristol: University of Bristol, 1998.

[51] Wang K, Steeds J W, Li Z, et al. Annealing and lateral migration of defects in IIa diamond created by near-threshold electron irradiation. Applied Physics Letters, 2017, 110: 152101.

[52] Walker J. Lattice defects in semiconductors. Institute of Physics Conference Series, 1975, 23: 317-324.

[53] Davis G. Optical properties of electron irradiated type Ia diamond. Proceedings of the Royal Society A, 1974, 336: 507-523.

[54] Goss J P, Coomer B J, Jones R. Self-interstitial aggregation in diamond. Physical Review B, 2001, 63: 195208.

[55] Goss J P, Briddon P R, Papagiannidis S. Interstitial nitrogen and its complexes in diamond. Physical Review B, 2004, 70: 235208.

[56] Steeds J W, Charles S, Davis T J, et al. Creation and mobility of self-interstitials in diamond by use of transmission electron microscope and their subsequent study by photoluminescence microscopy. Diamond and Related Materials, 1999, 8: 94-100.

[57] Burns R C, Chumakov A I, Connell S H. HTHP growth and X-ray chacterization of high-quality type IIa diamond. Journal of Physics: Condensed Matter, 2009, 21: 364224.

[58] Guppius A A, Zaitsev A M, Vavilov V S. Formation, annealing, and interaction of defects in ion-implanted layers of natural diamond. Soviet Physics Semiconductors, 1982, 16: 256-261.

[59] Iakoubovskii K, Adriaenssens G J. Optical study of some interstitial-related centres in CVD

diamond. Physica Status Solidi (a), 2000, 181: 59-63.

[60] Mainwood A. Point defects in natural and synthetic: What they can tell us about CVD diamond. Physica Status Solidi (a), 1999, 172: 25-35.

[61] Walker J. An optical study of the TR12 and 3H defects in irradiated diamond. Journal of Physics C: Solid State Physics, 1977, 10: 3031-3037.

[62] Stoneham A M, Mainwood A. Shallow levels in semiconductors. Singapore: World Scientific, 1997: 165.

[63] Starodubstev S V, Niyazova O R, Kaneev M A. Radiation-stimulated diffusion in cadmium sulfide. Soviet Physics-Solid State, 1967, 9: 679.

[64] Lima C A F, Howie M. Ddfects in electron-irradiated german-ium. Philosophical Magazine, 1976, 34: 1057.

[65] Steeds J W, Sullivan W, Wotherspoon A, et al. Long-range migration of intrinsic defectsduring irradiation or implantation. Journal of Physics: Condensed Matter, 2009, 21: 364219.

[66] Prins J F. On the annihilation of vacancies by diffusing interstitial atoms in diamond. Diamond and Related Materials, 2000, 9: 1835-1839.

[67] Steeds J W, Kohn S. Annealing of electron radiation damage in a wide range of Ⅰb and Ⅱa diamond samples. Diamond and Related Materials, 2014, 50: 110-122.

[68] Reimer L. Scanning Electron Microscopy: Physics of Image Formation and Microanalysis. 2nd ed. Berlin: Springer, 2000: 1826.

[69] Lawson S C, Fisher D, Hunt D C, et al. On the existence of positively charged single-substitutional nitrogen in diamond. Journal of Physics: Condensed Matter, 1998, 10: 6171-6180.

[70] Vishnevsky A S. Sectorial structure and laminar growth of synthetic diamond crystals. Journal of Crystal Growth, 1975, 29: 296-300.

[71] Woods G S, Lang A R. Cathodoluminescence, optical absorption and X-ray topographic studies of synthetic diamonds. Journal of Crystal Growth, 1975, 28: 215-226.

[72] Burns R C, Cvetkovic V, Dodge C N. Growth-sector dependence of optical features in large synthetic diamonds. Journal of Crystal Growth, 1990, 104: 257-279.

[73] Kanda H. Nonuniform distributions of color and luminescence of diamond single crystals. New Diamond and Frontier Carbon Technology, 2007, 17(2): 105-116.

[74] Collins A T, Rafique S. Optical studies of the 2.367eV vibronic absorption system in irradiated type Ⅰb diamond. Proceedings of the Royal Society of London A, 1979, 367: 81-97.

[75] Mita Y, Nisida Y, Suito K, et al. Photochromism of H2 and H3 centres in synthetic type Ⅰb diamonds. Journal of Physics: Condensed Matter, 1900, 2: 8567.

[76] Gaebel T, Domhan M, Wittmann C, et al. Photochromism in single nitrogen-vacancy defect in diamond. Applied Physics B, 2006, 82: 243-246.

[77] Iakoubovskii K, Adriaenssens G J, Nesladek M. Photochromism of vacancy-related centres in diamond. Journal of Physics: Condensed Matter, 2000, 12: 189-199.

[78] Khan R U A, Martineau P M, Cann B L, et al. Charge transfer effects, thermo and photochromism in single crystal CVD synthetic diamond. Journal of Physics: Condensed Matter, 2009, 21: 364214.

[79] Vlasov I I, Ralchenko V G, Goovaerts E. Laser-induced transformation of 3H defects in diamond. Physica Status Solidi (a), 2002, 193: 489-493.

[80] Collins A T, Dahwich A. The annealing of interstitial-related optical centres in type Ib diamond. Diamond and Related Materials, 2004, 13: 1959-1962.

[81] Collins A T, Spear P M. The 1.40eV and 2.56eV centres in synthetic diamond. Journal of Physics C: Solid State Physics, 1983, 16: 963-973.

[82] Zaitsev A M. Optical Properties of Diamond: A Data Handbook. Berlin: Springer, 2000.

[83] Vlasov I I, Ralchenko V G, Khomich A V, et al. Relative abundance of single and vacancy-bonded substitutional nitrogen in CVD diamond. Physica Status Solidi (a), 2000, 181: 83-90.

[84] Chrenko R M, Strong H M, Tuft R E. Dispersed paramagnetic nitrogen content of large laboratory diamonds. Philosophical Magazine, 1971, 23: 313-318.

[85] Steeds J W, Gilmore A, Charles S, et al. Use of nowel methods for the investigation of the boron distribution in CVD diamond. Acta Materialia, 1999, 45: 4025-4030.

[86] Babich Y V, Feigelson B N, Fisher D, et al. The growth rate effect on the nitrogen aggregation in HTHP grown synthetic diamonds. Diamond and Related Materials, 2000, 9: 893-896.

[87] Collins A T. The Femi level in diamond. Journal of Physics: Condensed Matter, 2002, 14: 3743-3750.

[88] Freitas Jr J A, Doverspike K, Klein P B, et al. Luminescence studies of nitrogen and boron-doped diamond films. Diamond and Related Materials, 1994, 3: 821-824.

[89] Charles S J, Steeds J W, Evans D J F, et al. Characterisation of electron irradiated boron-doped diamond. Diamond and Related Materials, 2002,11: 681-685.

[90] Charles S J, Steeds J W, Butler J E, et al. Optical centers introduced in boron-doped synthetic diamondby near-threshold electron irradiation. Journal of Applied Physics, 2003, 94: 3091-3100.

[91] Hartland C B, D'Haenens-Johansson U F S, Green B L, et al. Irradiation damage defects in type IIb diamond. Proceedings of the 62nd Diamond Conference, 2011.

[92] Charles S J. Characterization of irradiation damage and dopant distribution in synthetic diamond by luminescence micro-spectroscopy. Bristol: University of Bristol, 2002.

[93] Cui J B, Amtmann K, Ristein J. Noncontact temperature measurements of diamond by Raman scattering spectroscopy. Journal of Applied Physics, 1998, 83(12): 7929-7933.

[94] Yelisseyev A, Babich Y, Nadolinny V, et al. Spectroscopic study of HTHP synthetic diamonds, as grown at 1500℃. Diamond and Related Materials, 2002,2:130-135.

[95] Steeds J W, Charles S J, Gilmore A, et al. Extended and point defects in diamond studied with the aid of various forms of microscopy. Microscopy and Microanalysis, 2000, 6: 285-290.

[96] Green B L, Newton M E, Welbourn C M. Uniaxial stress study of the 648nm system in diamond. Proceedings of the 62nd Diamond Conference, 2011.

编 后 记

　　《博士后文库》(以下简称《文库》)是汇集自然科学领域博士后研究人员优秀学术成果的系列丛书。《文库》致力于打造专属于博士后学术创新的旗舰品牌,营造博士后百花齐放的学术氛围,提升博士后优秀成果的学术和社会影响力。

　　《文库》出版资助工作开展以来,得到了全国博士后管委会办公室、中国博士后科学基金会、中国科学院、科学出版社等有关单位领导的大力支持,众多热心博士后事业的专家学者给予积极的建议,工作人员做了大量艰苦细致的工作。在此,我们一并表示感谢!

《博士后文库》编委会

彩　　图

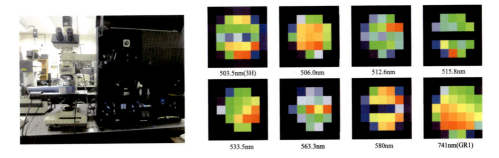

图 3-3　Renishaw 激光共聚焦显微 Raman 光谱仪的主要构造

图 4-21　Ⅱa 型金刚石光学中心经紫外激光照射后的分布情况

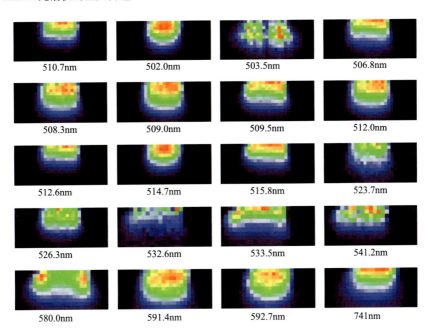

图 4-25　光学中心在深度方向的分布情况

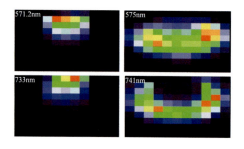
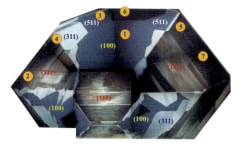

图 4-28　900℃退火后光学中心在深度方向的分布情况

图 5-3　电子辐照试样 S3 的阴极射线发光照片

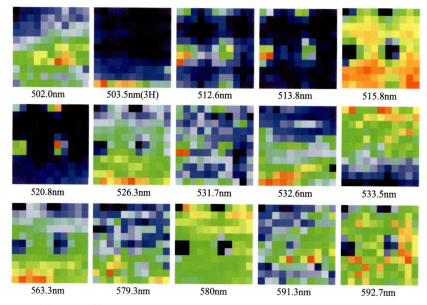

图 5-11　低氮金刚石辐照区域经紫外激光照射后光学中心的强度分布

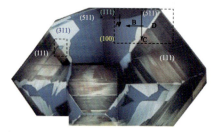
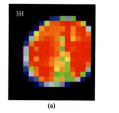
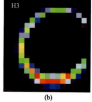

图 5-21　488nm 激光激发、温度为 7K 时 3H 中心与 H3 中心的强度分布

图 5-22　辐照前试样 S3 的阴极射线发光照片

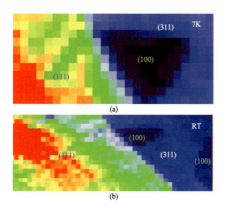

图 5-23　Ⅰb 型金刚石选定区域范围内 NV 中心的面扫描 PL 光谱

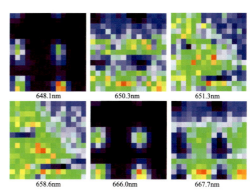

图 6-11　紫外激光照射 3min 后 488nm 激光激发、温度为 7K 时光学中心的强度分布

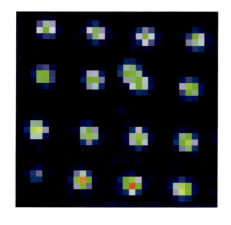

图 6-12　紫外激光照射 3min 后 635.7nm 中心的强度分布

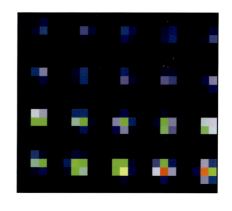

图 6-15　200℃退火与紫外激光照射 3min 后 635.7nm 中心的强度分布

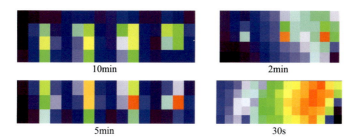

图 6-17　低温紫外激光照射后 666.0nm 中心的光致变色效应

图 6-18　室温紫外激光照射 2min 后 635.7nm 中心的光致变色效应

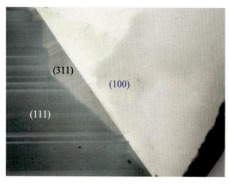
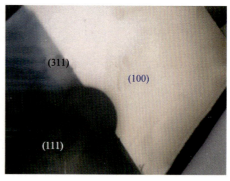

(a) 辐照前　　　　　　　　　　　　　　　(b) 辐照后

图 6-22　蓝色硼掺杂 HTHP 金刚石较大辐照区域的阴极射线发光照片

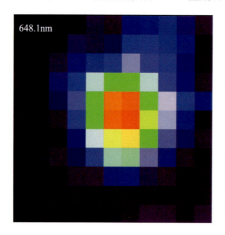
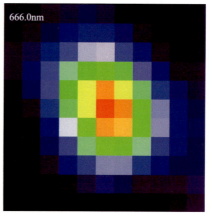

图 6-24　硼掺杂蓝色 HTHP 金刚石 648.1nm 中心与 666.0nm 中心的强度分布